チョムスキーと言語脳科学

酒井邦嘉
Sakai Kuniyoshi

インターナショナル新書　037

はじめに

言語ほど身近にありながらも奥深い謎は珍しい。子どもたちがいとも楽々と母語を身につけられるのはなぜか。その一方で、多くの大人にとって第二言語の習得が難しいのはどうしてか。そもそも言語には、なぜ複雑で精妙な文法があり、しかも多様な変化があるのだろうか。

そうした謎の背景には、人間が自由に言葉を作れるのか、それとも言語は自然科学の法則によって成り立つのか、という根本的な疑問がある。この問題は文系と理系の対立のみならず、人間と自然という二項対立の困難でもある。本書は、自然科学としての言語学を初めて確立したノーム・チョムスキーの思想の原点に立ち返り、その実験的証明を含めた言語脳科学の成果を分かりやすく紹介する。

私がマサチューセッツ工科大学（ＭＩＴ）の二〇号館で初めて言語学に触れてから、二〇年あまりが経った。この二〇号館は、戦前に建てられた木造のバラックであったが、チョムスキーをはじめ、重力波の観測に成功したレイナー・ワイスなど、ノーベル賞級の科学者を一〇人以上も輩出した不思議な建物でもあった。その秘密は、建物のように「風通しのよい」学際性にあったと思われる。

人間の言語をめぐる研究にもそうした異分野交流が不可欠であり、言語学・心理学・脳科学・計算機科学（人工知能研究）といった分野間の垣根をいかに取り払うかが問われ続けている。読者にもそうした学問の現場を垣間見ていただけたら嬉しい。

目次

目次

第二章　『統辞構造論』を読む

第三章　脳科学で実証する生成文法の企て

序章

「世界で最も誤解されている偉人」ノーム・チョムスキー

ダーウィンやアインシュタインと並ぶ革新性

真に革新的な科学理論は、往々にして人々の直感や価値観と相容れないこともあって、当初はなかなか理解されないものだ。理解されないどころか、迫害や攻撃を受けることさえある。

典型的な例は地動説だろう。単に観察しただけでは、太陽が月と同じように地球を中心にして回っているようにしか見えない。そのため、二世紀までにプトレマイオスらが体系化した「天動説」は、一六世紀にニコラウス・コペルニクスやヨハネス・ケプラーが「地動説」を唱えた後も長く信じられた。一七世紀には、ガリレオ・ガリレイに地動説の撤回を命じる宗教裁判も行われている。ローマ教皇庁がガリレオ裁判の誤りを認めることによって正式に地動説を承認したのは、一九九二年のことだった。

チャールズ・ダーウィン（一八〇九～一八八二）の進化論も、人間が類人猿やほかの種と共通の祖先から進化したとは信じたくない人々から猛反発を受けた。ダーウィンの主著である『種の起原』が刊行されたのは一六〇年前の一八五九年だが、いまだにアメリカの一部の州では、公教育で進化論を正しく教えていない［https://en.wikipedia.org/ の項目 Creation and evolution in public education in the United States］。

アルバート・アインシュタイン（一八七九〜一九五五）の相対論もまた、すでに発表から一〇〇年以上が経過したにもかかわらず、広く受け入れられたとは言い難い。二〇一一年になってもなお、「光より速い素粒子発見」という誤った実験結果が公表され、新聞の一面に載るほどなのだ。

今や、相対論に基づいて補正されるGPS（全地球測位システム）が日常的に使われている。また、二〇一六年には「アインシュタインからの最後の宿題」といわれた重力波の検出が発表され、その理論の正しさが裏付けられた。相対論は、現代物理学では量子力学と並ぶ大きな柱の一つだ。しかし、重力によって時間や空間が変わるという事実が直感に反するためか、限定的ではあるがいまだに懐疑論が残っている。しかし、直感に頼る限りでは、「重いものほど速く落ちる」という誤りすら正せなくなってしまう。

本書で紹介するノーム・チョムスキー（一九二八〜）の言語学理論も、いまだに毀誉褒貶が激しい理論の一つである。地動説や相対論、進化論などにくらべると、まだ一般に広まっていないだけで、チョムスキーの革新性はアインシュタインやダーウィンに全く引けを取らないと私は考えている。

「言語学」と聞くと、文系の一分野だと思われがちだが、チョムスキーの理論は人間の本

ノーム・チョムスキー（Noam Chomsky　1928〜）
（2014年5月、ドイツのカールスルーエにて）

Alamy/PPS

質を解明する「自然科学」の考え方であり、その思想がもたらすインパクトは、大きく深いものだ。「言語とは何か」という問題に答えることはもちろん、「人間とは何か」というさらに大きな問題にも重要な示唆を与えるのが、チョムスキーの理論なのである。

私は、自らの研究の最重要課題としてチョムスキー理論の実証と深化に取り組んできて、それがパラダイムシフト（科学の規範となる考え方の根本的な変革）をもたらした言語理論だという確信を持っている。

文系の言語学を「サイエンス」にしたゆえの摩擦

「言語機能 the faculty of language, FL（あるいは言語機構とも）」は人間の脳の生得的な性質に由来する——ごく簡潔に言えば、それがチョムスキーの理論のポイントである。言語機能は人間の思考の中核でもあり、「人間の本性（ほんせい）」の要（かなめ）と見なすことができる。詳しくは順を追って説明していくが、それまでの言語学とは全く違うこの考え方は、二〇世紀後半以降の自然科学や人文科学に対して広範囲にわたって影響を与え、言語脳科学の基礎となっている。

その影響力の大きさは、著作の引用回数にも表れている。世界中の人文科学の論文（一九八〇〜一九九二）で引用された文献は、多い順にマルクス、レーニン、シェークスピア、アリストテレス、聖書、プラトン、フロイト、そして第八位がチョムスキーの著作だった（"Chomsky Is Citation Champ", *MIT Tech Talk*, Vol. 36 (27), April 15, 1992）。次の九位はヘーゲル、一〇位はキケロであり、この中で存命の人物はチョムスキーただ一人だった。

ところが、一九五〇年代に誕生したチョムスキーの革命的な理論は、今なおさまざまな誤解や批判にさらされている。当の言語学の分野でも、専門の研究者による誤解や曲解が数多く見受けられる。それまでの言語学とは言葉に対する考え方が全く異なることもあり、多くの人がまだその本質をつかめていないのかもしれない。

また、心理学や脳科学、人工知能の研究といった周辺の学問分野でも、チョムスキーの理論はさまざまな誤解と反論に晒（さら）されている。論敵も多く、引用の中には批判的な文脈で取り上げられることもしばしばある。

そういう摩擦が生じた原因の一つには、チョムスキーがいわゆる「文系」の世界に「理系」の発想を徹底して持ち込んだことも大きいと思われる。心理学や言語学はもともと文系の分野であり、心や言語の問題を扱う脳科学の研究者でも、文系の教育を受けた人が多いという背景がある。言語の問題を歴史や文化と同様の視点で捉える立場からすれば、言語を自然の現象や法則として捉えることに違和感を覚えるのであろう。

一方、理系の分野である人工知能の研究では、言語の規則性や法則性よりも、特定の単語が現れる確率や統計に基礎を置くアプローチを重視したために、研究の方針がチョムスキーとは根本的に異なっている。人間の言語を扱う「自然言語処理」という人工知能の主要な一分野は、当初は言語学の成果を取り入れて発展したにもかかわらず、その後袂を分かつこととなり、いまだ融和の兆しが見えない。

しかしチョムスキーは怯むことなく、言語学を本物の「サイエンス」にしようと腐心し続けてきた。言語の本質を科学的に明らかにした最初の人物が、科学者としてのチョムスキーなのである。

サイエンスの基本は、客観性（証明ができること）・普遍性（広い対象に当てはまること）・再現性（繰り返し起こること）の三つである。これらを保証することがチョムスキー理論の革新性にほかならない。それに対して、主観的な意見・主張から始まって、個別的な例外を持ち出した議論や、さらには一度しか起こらない歴史に基づいた見解などがいまだに横行している。

本書では、チョムスキー理論が「サイエンス」であることを強調しながら、その神髄を紹介していく。後半ではその理論を証明するための実験について説明するが、それも当然、サイエンスの方法に基づくものである。私自身、それがサイエンスだからこそ、チョムスキー理論に惹かれたわけだ。

チョムスキーが始めた言語学を理解する道筋は、同時に「科学とは何か」という問題への理解を深めることにもつながるだろう。学説を正しく評価するためには、人々が科学的なリテラシーを身につけることが不可欠だ。その意味でも、「サイエンス」としてのチョムスキー言語学を理解することには、今日的な意義があると考える。

「猿を研究すれば人間が理解できる」と思っていたが

ここで、チョムスキーとの出会いも含めた私の学業や研究歴について、少し触れておきたい。科学に初めて強く惹かれたのは小学五年生の時で、中学一年生では、将来の夢を問われて「科学者」と答えた記憶がある。子どもの頃からキュリー夫人や湯川秀樹などの伝記が好きだったし、高校時代は書名に「アインシュタイン」や「相対論」と付いた一般書や、朝永振一郎の著作集（みすず書房）などを貪るように読んでいた。

日本では「科学技術」とひとくくりに語られることが多いが、私が興味を持ったのは

「テクノロジー（技術）」よりも「サイエンス（科学）」のほうだった。サイエンスはテクノロジーの基礎になるとしても、技術の進歩に寄与することだけが目的ではない。自然科学は本来、さまざまな謎に満ちたこの自然界の成り立ちを解き明かすことを最大の目的にしている。先に挙げた地動説や相対論、進化論などもそうだった。宇宙（時間と空間）はどのような仕組みになっているのか、生物はなぜ多様性を持っているのか——そういった問いに答えることこそが、サイエンスの使命なのだ。

私が憧れたのは、そういう仕事を手がける「科学者」だ。そこで大学では、テクノロジーを扱う工学部ではなく、サイエンスの核心とも言える理学部の物理学科に進んだ。自然界の最も深いところにある真理を解き明かす学問が、物理学にほかならない。

しかし私は、純粋に物理学を究めるだけでは満足できなかった。物理学科に進学した当初から、境界領域である生物物理学を研究するつもりでいたし、大学院での専門は分子遺伝学と大脳生理学であり、ショウジョウバエで神経発生や、ニホンザルで記憶メカニズムの研究を行った。発生や神経の働きなどの生命現象は、自然界における最も大きな謎の一つである。

そうした研究を続けていくうちに、究極の問題は「人間とは何か」という謎であることを意識するようになった。人間もほかの生物と同様に、この自然界が生み出した存在の一つではあるが、その創造的な知性や知能は比類がない。そうした創造性の本質はいったい何なのか。これも自然界の真理を解き明かす問題なので、やはり「サイエンス」の最重要テーマであることに変わりはない。

ダーウィンが唱えたとおり、人類は類人猿と共通の祖先から進化した。確かに人間と猿には、視覚が発達しているといった共通点がある。それなら、人と同じ霊長類である猿の研究を深めていけば、やがて人間のことも理解できるはずだ——脳科学に取り組み始めた頃の私は、単純にそう考えていた。今も、そう考えている研究者は多いに違いない。

しかし私は、チョムスキーに出会ってから、考え方を大きく転換した。その言語理論は、「猿の脳をいくら研究しても人間の言語は分からない」ということを明確にするものだったからだ。言語は、人間という「種」を特徴付ける固有の機能である。言語を持たない猿の研究では自ずから限界があるということになる。それまでの自分の考えを真っ向から否定されたのだから、これはとてつもなく大きな衝撃だった。今から二〇年ほど前のことである。

宗旨（しゅうし）替えした私は猿での研究をすっかりやめ、人間の脳そのものを研究の対象とすることにした。それまでは猿の脳を調べることで間接的に人間の脳を理解しようとしていたが、チョムスキーの理論に従うなら、人間の脳は猿と根本的に異なるところがあるに違いない。人間を理解するには、人間の脳を直接調べるしかないのだ。

折しも、人間の脳を調べるための手法が飛躍的に進歩した。一九七三年に登場したＭＲＩ（磁気共鳴画像法 magnetic resonance imaging）の技術はさらに研究が進み、一九九二年に確立したｆＭＲＩ（機能的ＭＲＩ functional MRI）によって、人間の脳の働きを生きたままで詳しく観察できるようになったのだ。これはきわめて大きな転換点だった。科学は技術の基礎になるが、技術の進歩も科学の発展に寄与する。私は最先端の技術を使って、チョムスキーの言語学理論を脳科学の立場から証明する研究を始めた。

チョムスキーがモデルにした「物理学」の発想とは

なぜ私がチョムスキーの理論に強い衝撃を受け、研究の方向性を大きく転換するほどの魅力を感じたのかというと、チョムスキーの言語学が物理学をモデルにして作られたものだったからだ。脳科学の世界に進もうとも、私は考え方の基礎に物理学を置きながら、客観的で普遍的な「説明」を目指していた。物理学をモデルにしたチョムスキー理論に私が小躍りしたのも無理はない。

物理学は、できる限り単純な法則によって自然界の森羅万象を説明しようとする。分かりやすいのは、素粒子物理学だろう。水、空気、土、鉄、イオン、タンパク質など、この世に存在する物質は多様性に富んでいるが、物理学ではそこに共通の根源があると考える。どんな物質もばらばらにすれば同じ要素に還元されるに違いない——古代ギリシャの「原子論」から始まった考え方だ。

もともと「原子（アトム）」とは、「それ以上ばらばらにできない物質の根源」のことだったが、物質の分子を構成する原子はもっとばらばらにできることが分かった。そこには原子核と電子という内部構造があったのだ。さらに研究が進むと、原子核も陽子と中性子に分けられることが分かり、その陽子と中性子も複数の「クォーク」という素粒子からできているということが示された。電子やクォークなどの素粒子が物質の最小単位なのである。今後また新たな発見があるかもしれないが、そうやってより深いところにあるシンプルな根源を追い求めていくのが物理学の考え方だ。

物質そのものだけではない。この世界を支配する自然法則もまた、より深いところには、よりシンプルな「原理」があると物理学者たちは信じている。

例えば物体の運動の様子を見ると、鉄球を投げた時とティッシュペーパーを投げた時では、明らかに飛び方が違う。鉄球は手を離すとストンと足元に落下するが、ティッシュペーパーはひらひらと揺れながら時間をかけて落下する。

しかし物理学は、その運動が全く同じ法則に基づくことを明らかにした。鉄球とティッシュペーパーでは空気抵抗などが違うために見かけの動きは異なるが、その運動はすべてニュートン力学で説明できる。多様な物体それぞれに固有の法則を考える必要はないのだ。

また、別々の理論で説明されていた現象を一つの理論に統一しようとするのも物理学の特徴だ。例えば、二〇世紀はじめに「光速」をめぐって力学と電磁気学の間に矛盾があることが大問題となったが、アインシュタインの特殊相対論によって見事に解決した。それぞれマクロの世界とミクロの世界を別々に説明している一般相対論と量子力学もまた、いずれもっと深いところで統合されることが期待されている。そうした新たな理論が、この宇宙そのものの成り立ちを説明するような「究極の理論」になるかもしれないと考える物理学者も多い。

言語はサイエンスの対象

さて、自然界の物質や物体が多様であるように、人間の言語や文化にも多様性がある。同じ人間同士でも、違う言語を話す相手とは話が通じない。例えば日本語と英語では語彙だけでなく文法も違うのだから、それは当然だ。

従来の言語学では、そうした多様な言語を、それぞれ個別に研究することが多かった。日本語には日本語専門の、英語には英語専門の言語学者がいる。これはいわば、固体を対象とする「固体物理学」と、液体や気体を扱う「流体物理学」が、互いに全く接点のないまま研究されるようなものだ。それぞれの分野ではさらに研究が細分化されているから、普遍的な説明からはどんどん遠ざかっていくことになる。

それはそれで掘り下げていけば意味があるかもしれないが、次のように考えてみると、疑問が湧いてくるだろう。もし物理学が、例えば航空機と紙飛行機の運動法則を別々に研究していたら、どうなるだろうか。航空機の飛行原理は航空力学で詳細に解明されるだろうが、紙飛行機はもっと複雑な運動をする物体として、その解析は困難を極めるに違いない。ましてニュートンが発見したような、あらゆる物体に適用できる普遍的な運動法則が、「紙飛行機力学」から発見されることはまずないだろう。

チョムスキーは当初、名詞（noun）や動詞（verb）などの「統辞範疇（はんちゆう） syntactic category」が文を構成する「原子」のようなものだと考えたが、一九七〇年頃には、それらがさらに小さな単位の複合体であることを明らかにし、「素粒子」に相当するような「素性（そせい） feature」という単位を提案した。素性は範疇が持つ部分的な特性であり、その範疇が素性を持つことを＋（プラス記号）で表し、持たないことを－（マイナス記号）で表す。例えば名詞は、実詞(substantive）としての特性を表す素性（大文字のNで表す）を持つが、述語（predicate）としての特性を表す素性（大文字のVで表す）は持たないので、［＋N, －V］と表すことができる。つまり名詞は純粋に実詞であって、述語にはならないということである。同様に動詞は［－N, ＋V］と表すことができ、こちらは純粋な述語である。このように、名詞と動詞では二つの素性がどちらも反対になっていて、これらの範疇が統辞処理で決して同じようにはふるまわないといった事実が自然に捉えられるようになる。

また、これら二つの素性を用いると、形容詞を［＋N, ＋V］と表し、前置詞・後置詞を［－N, －V］と表すことができる。例えば日本語の形容詞は、美しかろ〔う〕・美しかっ〔た〕・美しく〔なる〕・美しい〔。〕・美しい〔とき〕・美しけれ〔ば〕というように活用するわけだが、これは動詞の活用とよく似ている。この事実は、［＋V］という、動詞と形容詞が共通して持つ素性に言及することによって捉えることができる。一方、日本語の名詞や助詞（後置詞）が活用しないという事実は、［－V］という素性と合致するわけだ。

さまざまな統辞範疇の間に存在するこうした一般化はあらゆる言語に見られ、それらの一般化を捉えるためには、名詞や動詞などの範疇よりもさらに小さな単位を設定する必要があるのだ。

なお、発音記号で表されるような音素をさらに小さな素性（例えば有声音か無声音）に分けるという考えは、それより前にヤーコブソン（一八九六～一九八二）によって提案されており、チョムスキーに影響を与えたと考えられる。

そうした素性は人間の多様な言語に共通であり、素性を支配している「法則」もまた普遍的であるはずだ。この法則性は画期的なアイディアであった。チョムスキーの登場によって初めて、言語は物理学のようなサイエンスの対象になったのだ。

言語の生得性とは

言語における法則を生み出すのは、人間の脳以外に考えられない。チョムスキーの考えでは、人間の脳には「言葉の秩序そのもの」があらかじめ組み込まれている。これこそ

「普遍文法 Universal Grammar, UG」と呼ばれるものなのである。ちなみに、ニュートンが見出した「万有引力」は、英語では universal gravitation または universal gravity（普遍重力）と呼ばれるから、チョムスキーもそうした連想を踏まえてUGと呼んだのかもしれない。

ここで、「頭で考えて聞いたり話したりするのだから、脳が言語をつかさどるのは当たり前ではないか」と思う人もいるだろう。しかしチョムスキー理論はそれほど単純な話ではない。人間は「言葉の秩序」を学習によって覚えるのではなく、誰もが生まれつき脳に「言葉の秩序」自体を備えているというのがチョムスキーの考えだ。

もちろん、それぞれの言語によって異なる語彙や発音などは後天的な学習で身につけるしかない。しかし、言葉を秩序づけるための普遍文法は、あらゆる言語に共通するものであり、いうなれば「人間語」、あるいは「脳言語」と呼ぶべきものなのだ。しかもそれは人間という種に固有なものだと考えるのである。

一方、二〇世紀初頭に始まった「行動主義心理学」は、測定できる外的な刺激とそれに対する反応（行動）に限定した研究分野であり、言語を含めすべて後天的に学習されると考えるため、チョムスキーの見解と鋭く対立する。一般常識としても、生まれたての赤ん坊の心は「白紙」のようなものであり、学習しなければ言葉を使えるようにはならないと思っている人は多いことだろう。

ところがチョムスキー理論では、言語を生み出すシステム自体が生得的（先天的）なものだと考える。従来の常識や直感に反するからこそ、その理論は真に革命的なのだ。

言語学におけるチョムスキーの貢献は「ガリレオ以前」

いかなる革命的な理論も、広くそれが新しい「常識」として受け入れられるためには、実証的な裏付けを得なければいけない。だから私は一人の科学者として、チョムスキーという巨人の肩に乗りながら、「普遍文法」が人間の脳に確かに存在することを突き止めようとしている。

その実験はまだ道半ばである。そもそもチョムスキー言語学の理論的な研究も、いまだ発展途上だ。チョムスキー自身、言語学の現状は「ガリレオ以前」だと一九八〇年頃に言っている（ノーム・チョムスキー著〔福井直樹・辻子美保子訳〕『生成文法の企て』岩波現代文庫、二〇一一年 pp.119-120）。ここでガリレオを引き合いに出すことからも、チョムスキーが物理学を意識していることがよく分かるだろう。同時にこの言葉は、従来の言語学がどのようなものだったかをよく物語っている。

ガリレオは「近代科学の父」と呼ばれる科学者だ。当時発明されたばかりの望遠鏡を天体に向けたり、斜面を使って加速度運動を調べたりすることで、観測や実験によって仮説を実証する近代科学の手法を打ち立てた。したがって「ガリレオ以前」とは、「近代科学の成立以前」という意味になる。つまり言語学は今なお近代化の途上にあるということだ。ただし、UGと万有引力の連想を意識しながら、さらにガリレオの亡くなった一六四二年にニュートンが生まれたことを考えれば、「ニュートン以降」のような言語学の発展をすでに見据えて「ガリレオ以前」と呼んだのかもしれず、そこにチョムスキーの自負を読み取ることもできる。

また、「人間の心は自然科学では解き明かせない」とする今なお根強い主義主張（「方法論的二元論 methodological dualism」と呼ばれる）は、「人間の心」を聖域のように特別視した人間中心的な世界観という意味で、地球を特別視して中心に置いた天動説とよく似ている。

従来の言語学がそうした天動説のようなものだとすれば、チョムスキーの理論は、地動説に対応する。地動説なしにサイエンスとしての天文学が確立しなかったのと同様、チョムスキーの理論なしに言語学がサイエンスとして発展することもないと私は考える。声高にチョムスキーへの批判を唱える人たちの説の多くは、言語学を再び近代科学以前のものに追いやろうとしているかのようである。

もし、「言語」という自然現象の科学的な解明が可能となれば、人間そのものを科学的に理解することにつながるだろう。ここでまず重要なのは、チョムスキーが言語を天体の運動などと同じ「自然現象」と見なしていることだ。だからこそ、人間の言葉は自然科学の研究対象となる。そして「脳—心—言語」という流れで、脳科学から言語学へと科学的な理解が進むに違いない。

そもそも人という生物もまた自然の産物であり、人間自体が自然現象なのだから、その脳から自然と生まれる言語もまた自然現象にほかならない。人間が言葉を使うのは、魚が泳ぎ、鳥が飛ぶのと同じように本能的な能力なのだ。実際、子どもが生後に獲得する言語は、人為的に作り出された「人工言語」と区別して、「自然言語」と呼ばれる。

人工知能やロボットをはじめとする技術の急速な進歩によって、近未来の社会では「人間とは何か」という単純だがきわめて深遠な問題が重視されるに違いない。この究極的な問いに答えを見つける上でも、チョムスキーの言語学は避けて通れないはずである。

本書では、まず第一章でチョムスキー言語学の概要を説明し、続く第二章では、一九五七年に初版（二〇〇二年に第二版）が出たチョムスキー著〔福井直樹・辻子美保子訳〕『統辞構造論』"*Syntactic Structures*"（岩波文庫、二〇一四年）の基本的な内容を説明する。従来の言語学との違いや、チョムスキー批判がいかに誤解に基づいたものであるかも明らかになるだろう。

次の第三章では、チョムスキー理論を証明するために私自身が手がけてきた数々の実験から、典型的な三つについて紹介する。「理論」と「実証」は、まさにガリレオ以来の近代科学のプロセスだ。その全体像を通して、チョムスキー言語学は正しく「サイエンス」であるということが読者に理解されることを願っている。

第一章　チョムスキー理論の革新性

言語学も古代ギリシャで始まった

ノーム・チョムスキーによる言語学は、それ以前の言語学とは根本的に違う。その違いを理解するために、言語学の歴史を簡単に振り返っておこう。

物理学や哲学の源流がそうであったように、言語に関する学問も（少なくとも西洋では）やはり古代ギリシャから始まった。例えばプラトンは、言葉の由来（語源）や獲得についての考察を行っている。

紀元前二世紀には、ディオニュシオス・トラクスがギリシャ語の文法書である『文法の技法』を著した。そこでは語彙を名詞、動詞、前置詞など八つの「品詞」に分類しているが、文の構造に関する記述は見られない。このトラクスの文法は、西洋における「伝統文法」の出発点となった。四～六世紀に作られたラテン語の文法書も、この体系に基づいている。

しかし、ラテン語から分かれたイタリア語、スペイン語、フランス語など各地域の言語は、伝統文法だけでは分析できないことが明らかとなった。一五世紀には大航海時代が始まり、ギリシャ語やラテン語を源流としない多様な言語の存在が知られるようになったが、それらの言語における文法の規則性をまとめるには、伝統文法に基づく手法ではお手上げだった。

そこで興味深いのが、古代インドなどで用いられていたサンスクリットという言語の存在だ。一八世紀に英国がインドを植民地支配したことで、ヨーロッパの言語学者は初めてサンスクリットと出会い、すでに紀元前五～四世紀の古代インドにおいて、ガンダーラ出身のパーニニがサンスクリットの文法体系をまとめていたことを知ったのだった。

もう一つ、その時代の発見で重要だったのは、古典語であるサンスクリットが、西洋の古典語であるギリシャ語やラテン語と酷似していたことだ。すると、「西洋の言語と東洋の言語は、共通の言葉に由来するのではないか」という予想が生まれたのも無理からぬことだった。ちょうど人間と類人猿が共通の祖先から進化したように、世界のさまざまな言語も共通のルーツから変化したというわけだ。

そのため一九世紀の言語学では、「比較言語学」や「歴史言語学」が主流となった。多様な言語を比較して共通点や差異を見つけ、歴史的に言葉がどのように変化していったのかを研究するのである。

しかし二〇世紀になると、それとは対照的な言語学の大きな潮流が生まれた。言語の歴史や変化ではなく、言語の仕組み（構造）や機能そのものを研究するやり方だ。過去から現在にいたる変化に注目する前者を「通時言語学」と呼ぶのに対して、後者の新しい方法論は「共時言語学」と呼ばれる。その後者の流れをくむ「ヨーロッパ構造主義」を始めたスイスの言語学者ソシュール（一八五七〜一九一三）によれば、後者は「ある言語の一時期における状態を記述する」という意味だ。

チョムスキーが出会った言語学

その共時言語学を大きく前進させたのが、一九三〇年代にアメリカで研究していた言語学者たちであり、言語現象を分析して記述するだけではなく、言語の理論的な基盤を追究する流れが生まれた。その中でも影響力を持ったのは、行動主義心理学（27ページ）を取り入れた言語学を提唱した、ブルームフィールド（一八八七〜一九四九）である。彼の率いる学派が作り上げた理論は、やがて「アメリカ構造主義」と呼ばれるようになった。

チョムスキーが最初に出会った言語学は、このアメリカ構造主義の流れをくむもので、一九四〇年代後半のことである。当時、チョムスキーはまだ十代だった。一九四五年に一六歳でペンシルヴェニア大学に進んだ彼は、次第に学問への興味を失う一方で、政治運動への関心を高めていた。現在でも政治的な発言で注目されることの多いチョムスキーだが、その素質は若い時分からあったわけだ。

ちなみに彼の両親は、どちらもヘブライ語の教師だった。父親は『ヘブライ語、この不朽の言葉』（未邦訳）という本を著しており、チョムスキーはユダヤ文化を尊重する家庭で育った。ヘブライ語では言葉を「ダバール（dabar あるいは davar とも）」と言うが、単なる「言葉」というより、話し手である主体の心（人格）に根差した意味（ギリシャ語の「ロゴス」に近い）があるという。言葉の内面にメスを入れる素地は、すでに言語圏と家庭環境にあったのかもしれない。

ユダヤ国家の建設を目指すシオニズム運動に傾倒した彼は、大学入学の二年後にはキブツ（イスラエルの農業共同体。kibbutz は「グループ」を意味するヘブライ語）へ移住することを考えていたという。しかし一九四八年に誕生したイスラエルの建国理念が自分の考えとは相容れなかったこともあり、中東行きを断念した。

そんな時に父親の紹介で出会ったのが、ペンシルヴェニア大学で言語学を教えていたゼリグ・ハリス教授だ。ハリスは当時、アメリカ構造主義の最先端にいた学者であり、キブツに何度も居住したことがあったので、政治思想としてもチョムスキーと近かった。また、学問に対するハリスの誠実な知的態度もチョムスキーに感銘を与えた。彼はハリスのもとで言語学を専攻し、さらに数学、哲学、論理学、物理学などを本格的に勉強し始めた。

しかしチョムスキーは、恩師ハリスの考え方に強い影響を受けながらも、やがてアメリカ構造主義（以下ではヨーロッパ構造主義と区別せずに、単に構造主義と呼ぶ）とは縁を切ることになる。言語学を本物の科学にしたいと考えるようになったからだ。

一般に言語学は、哲学・心理学・社会学・歴史学・宗教学などと同じ人文科学の一つだと今なお思われている。大まかに言えば、自然科学は大学の理学部・工学部・農学部などで研究され、人文科学は文学部などで扱われる。ところがチョムスキーは、「文系」の学問だった言語学を、本気で「理系」の学問にしようと考えたのだった。

現象論だけでは「サイエンス」にならない

もちろん、理系と文系の間に明確な線が引けるわけではない。両者にまたがる横断的な学問領域もある。しかしそれぞれの特徴は、正反対の傾向を持っている。学問として重要視するアプローチの仕方がかなり違うのだ。

歴史的な変遷を記述する通時言語学と比べると、構造主義のような共時言語学は、より理系に近い側面を持っているように見える。例えば構造主義に取り入れられた行動主義心理学は、心理学を「行動の科学」と見なして、客観的な行動の観察に徹したのだった。しかし、「心」という脳の働き自体をブラックボックスとして取り扱わないとしたことが、結果として自然科学のアプローチを妨げることになってしまったのは皮肉である。

それ以前の心理学は、例えばフロイトの精神分析が主観的な「無意識」や「自我」などに独断的な理由づけをしたように、客観性に欠けるものだった。意識や意図といった心の概念を排除した行動主義心理学は、フロイトなどの精神分析に対するアンチテーゼでもあったわけだ。それを規範とする構造主義もまた、言語の構造や機能を客観的に記述することに専念した。

しかし、確かに「客観性」は自然科学の重要な要素ではあるものの、それだけではサイエンスとはいえない。というのも、対象を精密に分析して「これはこうなっている」と記述するのは、「現象論」にすぎないからだ。その点では、共時言語学も、言語の変遷を歴史的にたどって「これはこうなってきた」と記述するだけの通時言語学とあまり変わらない。どちらも、現象論にすぎないのである。

では、なぜ現象論だけの研究では、サイエンスと呼べないのだろうか。

例えば物理学でも、現象論的な観察は欠かせない。物体の運動を理解するには、斜面で鉄球を転がすような実験を行い、球の質量に対して移動距離や速度変化などを客観的に測定する必要がある。だが、運動の様子を観察し精密に記述したところで終わりではない。物理学では、「なぜそのような運動になるのか」を問う。つまり、客観的に記述された現象に対する「説明」が求められるわけだ。

物体が落下する現象については、ニュートンが「重力」という万物に働く引力によって説明した。ニュートンはその重力がなぜ働くのかについては説明できなかったが、その謎についてはアインシュタインが一般相対論によって説明している。そうやって長い歴史の中で「なぜ?」という問いを繰り返し、現象をより根源的に説明できる原理や法則を見つけようとするのが物理学であり、これが真のサイエンスのあり方である。

そこで重視されるのが、「再現性」という考え方だ。法則によって説明できる現象であれば、それは同じ条件下である限り必ず再現できるだろう。科学的な実証には、確かな再現性が求められる。実験で百回再現したと誰かが発表しても、他の研究者によって同様の現象が再現されない限り、発見とは認められない。再現性は、科学の命なのだ。

一方、「歴史は繰り返す」とは言うものの、実際に歴史を再現するのは至難の業だ。起きた現象をどんなに詳細かつ精密に記述したところで、そこに必然的な法則性を見出すのは難しいだろう。応仁の乱や関ヶ原の戦いが起きた時の初期条件を完全に分析して、戦乱の結果を再現できるならサイエンスになるが、それはできない相談だ。もちろん歴史学は学問としての存在意義があるが、自然科学ではないのである。

従来の言語学は「蝶々あつめ」のようなもの

ちなみに、チョムスキーは人文科学の一つとして発展してきたそれまでの言語学のことを「蝶々あつめ butterfly collecting」と見なしている（デイヴィッド・コグズウェル著〔佐藤雅彦訳〕『チョムスキー』現代書館、二〇〇四年 p.54）。蝶に限らず、動植物や鉱物などの標本を収集して分類し、それぞれの差異や共通点を明らかにするような「目録作り」の研究は歴史が長い。世界中で集めた言語を比較して記述する従来の言語学も、そうした旧来の「博物学」によく似ている。明治時代の日本で、言語学は「博言学」と呼ばれていた。

蝶々あつめのような博物学も、「これはこうなっている」と記述するだけの現象論にとどまる限り、やはりサイエンスとは言いがたい。それを物理学のような本物の科学にするためには、ただ単に現象を記述するのではなく、なぜそうなるかという理由を説明する必要がある。表面的な多様性の奥深くにあって目に見えない、普遍的な「原理」を探るのがサイエンスなのだ。

そのためには、多様な現象をそのまま観察するだけでは足らないだろう。例えば蝶を対象として、色や形といった表面的な特徴にばかり注目しても、深いところにある原理は見えてこない。「蝶」という種を特徴付ける共通の構造と機能を、例えば触角や鱗粉などについて徹底的に調べる必要がある。序章でも述べたとおり、「紙飛行機力学」からニュートン力学は生まれないのである。

一般的な常識では、それぞれの国や文化圏で「異なる言語」が使われていると思いがちだろう。それに対してチョムスキーは、人間の言語はすべて「同じ」だと考え、文法を普遍的に説明する原理を探究した。そこが、従来の言語学と一線を画するところだ。もう少し正確に言うと、あらゆる言語は「同じシステムを持つ」と考えたのだ。表面的な表現型はそれぞれ異なるが、その本質を探っていくと、どの言語も実は同じ型（構造）に基づいている。その前提で言語の研究に取り組んだのは、チョムスキーが最初だった。

基本的にすべて同じ言語であるならば、その原理を探るために、多くの言語を研究の対象にする必要はない。物体の運動を説明するのに、いろいろな種類の紙飛行機を飛ばして実験する必要がないのと同じことだ。鉄球なら鉄球の運動を徹底的に観察・分析すれば、そこから見出された原理はあらゆる物体に普遍的に適用できるに違いない。

チョムスキーにとっての「鉄球」は英語だった。アメリカで生まれ育った彼にとっては、母語である英語が一番研究しやすかったからだ。英語であれ何であれ、ある一つの言語の構造を徹底的に研究すれば、人類の言語が普遍的に持つ「文法」が明らかになるだろう。もしほかの言語に当てはまらない例外が出てきたら修正すればいいだけである。

このような方法論は、「蝶々あつめ」のような比較言語学からは出てこないものだろう。物理学をモデルにしたことによる、きわめて大胆な発想だったのだ。その意味で、チョムスキーの言語理論は、古代ギリシャに端を発する言語学の歴史の流れの中に位置づけられるものではない。チョムスキーは過去のインタビューの中で、何度も近代言語学の祖とされるソシュールの影響について聞かれているが、いつもはっきりと、その影響はゼロだと答えている。

結局、チョムスキー以前の言語学は（人工知能の主流を含め）、実際に発話されたり書かれたりした文の集積データ（コーパスと呼ばれる）の再現を目指したり、そこから「型（パターン）」を抽出しようとしたりしていた。しかしそのような帰納的な現象論だけでは、ちょうど多様な紙飛行機の軌跡からは「空気」の影響でなかなか放物線の軌道が抽出できないように、多様な言語表現のデータからは「心」の影響でなかなか構造が分離できないのだ。

チョムスキーは次のようにきわめて明快に述べている。「言語能力・言語知識に関する情報も、直接観察できる形で提示されているわけではなく、また、現在知られているどのような種類の帰納的手続によっても、データから直接引き出すことは出来ない」（チョムスキー著〔福井直樹・辻子美保子訳〕『統辞理論の諸相―方法論序説』岩波文庫、二〇一七年 p.64）。ここで、「言語能力 linguistic competence」と「言語知識 knowledge of language」は同義で用いられている。両方の用語が意味するのは、脳に内在化された「情報」であり、母語を獲得する能力としての生得性を基礎としている。なお、この「能力」は、言語知識の運用能力や、発話能力などと同一視してはならないし、この「知識」は学習や経験から区別され、ほとんどの場合で意識されることがない。これらの点は特に誤解しやすいので、注意したい。

一方、自然科学では、例えば重力や素粒子の法則のように、目に見えないものを演繹（えんえき）的に探究していくことを重視する。つまり自然現象の本質を捉えて原理や法則の発見を目指すアプローチは、データに基づく帰納的な調べ方とは、本質的に方向性や精度が違うのである。

　要するに構造主義言語学は、表面的な構造を分類していくことで、文を外側から構造として捉えて分析しようとする。ところがチョムスキー理論では、文を生み出す目に見えない構造を「内側から」作ろうとした。チョムスキー理論が抽象的に感じられるのはそのためだ。しかし、奥底にある自然法則を探ろうとするからこそ、現象論では終わらないサイエンスになるのだ。

「プラトンの問題」〜なぜ乏しい入力で言語を獲得できるのか

　言語学の歴史の話はここまでにしよう。チョムスキーの言語学が、どのような意味でそれ以前の言語学と違うか明確になっただろう。その一方で、チョムスキーの学説に疑問を抱く人もいるだろう。人間の言語に共通して、普遍的な「文法」というものが本当に存在するのだろうか、と。

　特に日本の初等・中等教育では、発音・語源・語順・活用変化・文字などがすべて日本語とは大きく異なる英語が「教科」として教えられることもあって、そこに共通点を見出すほうが難しくなっている。生徒たちが日本語と英語を全く別の言葉だと考えてしまうのも無理はない。

しかし言語は、本来その言葉を話す家族の中で子ども時代を過ごすという、日常生活で身につくものだ。「語学」として教科書などで学んだり、文字から言葉を覚えたりするのは、残念ながら不自然な学習法と言わざるをえない。しかも、学校で教わる「文法」は、人為的に集められた規則にすぎず、脳に組み込まれた普遍文法とは似て非なるものだ。したがって、学校での経験をもとに言葉について考えると誤解を招きやすい。

また、子どもが次第に言葉を話すようになるのは、「耳から聞いて覚えるから」だと思われがちだ。しかし、本当にそうだろうか。実際、子どもが耳にする言葉は質的にも量的にも不十分なものでしかない。保護者が口にする言葉には言い間違いや、途中で途切れたような不完全な文がたくさん含まれている。しかも、その言葉の文法を確定させるのに十分な例文が網羅的に示されるわけでもない。

ところが子どもは、聞いたこともないような文を正確に、しかも自由に話せるようになる。オウム返しの模倣だけでは、そんなことができるようになるとは考えられない。つまり、まわりの言葉が限られているのに（この状態のことを「刺激の貧困」と呼ぶ）、子どもたちはそこから豊穣な言語を獲得する能力を持っているのだ。教育を受けた経験のない人が高い知性を持ちうることに驚いたプラトンになぞらえて、そうした能力についての問題提起を「プラトンの問題」という。この問題は古代ギリシャから現在にいたるまで連綿と問われ続けてきた、まさに究極の問題なのだ。

行動主義心理学との決定的な違い

ギリシャのアリストテレス以来、人は「白紙の状態（タブラ・ラサ）」で生まれてくると考えられてきた。まっさらな紙に文字を書き込むように、生まれて初めて脳に経験が蓄積されるようになり、言葉が覚えられるというイメージだろう。しかしこの考えに従う限り、「プラトンの問題」は解決しない。

この「プラトンの問題」に初めて答えたのが、チョムスキーだった。生後間もない脳は決して「白紙の状態」ではなく、あらかじめ言葉の秩序、すなわち普遍文法が組み込まれていると考えたのだ。すると、まわりの言葉が乏しくても言語の獲得が可能になり、そればかりか見聞きしたことのない「文」まで自在に生み出せるようになる。ただし、昨今のように家庭内の会話が極端に少ない場合は、子どもの言語獲得に深刻な影響が起こっている可能性がある。

あらかじめ脳に用意されている生得的な「文法」とは、「普遍」がつくことからも分かるように、日本語や英語といった特定の言語の文法ではない。もし脳に最初から日本語の文法が組み込まれていたとしたら、アメリカで生まれ育ってもなかなか英語が話せないことになってしまうが、そんなことはない。子どもにとってどの言語が母語（第一言語）になるかは、親からの遺伝ではなく、生まれ育った環境で決まるだけだ。

しかし、どの言語が母語になろうとも、その土台となる基本的な言語システムは変わらない。同じ言語システム、つまり普遍文法が脳に最初から備わっているなら、後はその土台の上に個別の言語について肉付けをしていけばよい。そう考えれば、刺激の貧困があろうとも、子どもはどんな言葉でも身につけられるというわけだ。もちろんその言葉は自然言語に限られるが、二つの言語（バイリンガル）や三つの言語（トライリンガル）はもとより、多言語（マルチリンガル）であってもかまわない。実際、ヨーロッパやインドネシア、アフリカなどでは、多言語を話す人たちが珍しくない。

「学習説」と「生得説」

言語の習得を学習説ではなぜ説明できないのかを、もう少し詳しく見ていこう。

人間の行動を「刺激」と「反応」によって説明しようとしたのが行動主義心理学だった。その考え方を言語行動にも当てはめたのが、「スキナー箱」で有名なアメリカの心理学者スキナー（一九〇四〜一九九〇）だ。スキナー箱では、箱に入れたラットやハトなどが人為的な刺激（図形や音など）に反応してレバーやボタンを押すと餌が出てくる仕組みになっており、その刺激や反応（レバー押し）の時間・回数などが記録される。これによって、「レバーを押せば餌が得られる」ということを動物が覚える様子が調べられる。

このように、報酬や罰などに適応して自発的にある行動を取るように学習することを「オペラント条件づけ」という（「オペラント」は「操作する operate」をもとにしたスキナーの造語）。そしてスキナーは、人間の言語行動もオペラント条件づけの一種だと考えた。人間が言葉を使うようになるのは外からの刺激への反応であり、後天的な「学習」の結果だというのである。

スキナーに代表されるこの「学習説」は、まさに脳が「白紙」の状態で人間が生まれてくることを前提にしたものだ。したがって、スキナーの行動主義的な理論では「プラトンの問題」は説明できない。多様かつ複雑な言語能力という「反応」を引き出すには、後天的な学習は「刺激」として乏しすぎるからだ。

それを裏付ける典型的な例を見てみよう。日本語では、次の文（a）と（b）はどちらも文法的に正しく、意味もほとんど同じである。

（a）車が来る時は注意しましょう
（b）車の来る時は注意しましょう

どちらも正しい文だと学習した幼児は、「が」と「の」がいつも置き換えられると考えるかもしれない。しかし実際には、誰かに教わらなくても、次の文（c）と（d）のうち一方が文法的に間違っていることが分かるだろう。

（c）車が来るから注意しましょう
（d）車の来るから注意しましょう

日本語を習って間もない人なら、どちらも正しいと思ってしまうかもしれないが、日本語を母語とする人なら、たとえ理由が分からなくても（d）に違和感を持つことだろう。

さらに次の文（e）では、「自分」が誰を指すかを考えてみよう。

（e）花子が太郎に自分の写真を見せた

この例では「自分」が花子を指し、太郎は指しえない。それでは、動詞を入れ替えただけの次の文（f）はどうだろうか。

（f）花子が太郎に自分の写真を撮らせた

今度は、「自分」が花子だけでなく、太郎でも意味が通るようになる。「花子が～させた」という主節に、「太郎が自分の写真を撮る」という文が埋め込まれているので、「太郎が自分（＝太郎）の写真を撮る」という解釈も許されるのだ。

こうした「自分」の意味解釈の違いは、コーパスからは出てきようがない。（e）や（f）のような例がコーパスに含まれるというだけでは、文中の「自分」が誰を指すかという話者の意図に違いがあるという事実を全く説明できないのだ。

こうした現象を行動主義的な学習説で説明することは困難だ。限られた言語刺激と発話行動という「入力と出力」の学習だけでは、第二言語（非母語の総称）として日本語を学ぶ人と同じで、そもそも「が」と「の」や、「が」と「は」の使い分けがなされていることを自ら発見して、その理由を推理するというのはとても難しいことだろう。私の講義でも確認済みであるが、日本語を母語とする人でもその理屈を知っている人は少ない。しかし、理屈を知らなくとも正確な使い分けができるのだから不思議である。これこそ脳にある「言語知識」の隠れた姿なのだ。

このように文法の判断に関する限り、経験や学習のみに基づく説明は成り立たない。後で詳しく説明するように、文法は意味を超越しているので、意味が通じるかどうかで判断することもできない。母語話者（ネイティブ・スピーカー）の「直感」としか言いようがないのだ。

チョムスキーは行動主義的な学習説への反論として、スキナーの『言語行動』という著書に対し三三ページもの批評論文（"*Verbal Behavior*. by B. F. Skinner" Reviewed by N. Chomsky, *Language*, vol. 35, pp.26-58, 1959）を書いた。そこでチョムスキーは行動主義の限界を明らかにし、オペラント条件づけのようなモデルで言語現象を説明することはできないと結論づけた。

実は、行動主義に対して決定的な打撃を与えたこの論文によって、チョムスキーはその名を広く知られるようになり、「言語生得説」を打ち立てることになったのである。

「単純で啓発的な文法」とは

さて、人間の脳に生得的に組み込まれた文法とは、一体どのようなものなのか。

多くの人々が「文法」と聞いて思い浮かべるのは、学校で習った複雑な規則だろう。日本語の文法なら、国語の授業で「五段活用」「下一段活用」「サ行変格活用」といった動詞の複雑な活用を教わる。英語の文法でも、動詞の活用は難しい。be動詞は主語によって全く違う形となるし、現在形と過去形の違いも覚えなければいけない。「三単現のs」を呪文のように覚えている人は多いだろう。主語が三人称の単数で、時制が現在の時、動詞の語尾にsがつくのだが、そもそもなぜそのような複雑な規則があるのだろうか。

実際、英語のネイティブ・スピーカーであっても「そう決まっている」としか答えようがないだろう。仮にいつからそのような規則が使われるようになったかが特定できたとしても、それ以上の説明はできないに違いない。このような学校文法の多くは「現象論」にすぎないので、「なぜ」と理由を問うこともできないのだ。

一方チョムスキーが考えたのは、人間が言葉を生み出すことの根底にある、すべての個別言語に共通の文法、すなわち「普遍文法」だった。この「個別言語」とは、日本語や英語などの具体的な言語を指す。「チョムスキーは言語（個別言語）が生得的だと言っている」という誤解が実際にあったが、生得的なのは母語それ自体ではなく、母語を獲得する能力なのである。

なお、「生成文法（せいせい）」とは、個別言語について構造の生成を明らかにする文法という意味である。普遍文法は、人間にとってどんな生成文法が可能なのかを定めるものだ。

普遍文法の理論は、できる限り単純な原理を明らかにしようとする。単純であればこそ、より深いところからさまざまな言語を説明できると考えられるからだ。例えば、時制などによって活用が変化するのは、名詞ではなく、動詞や助動詞である。これは単純でさまざまな言語に共通した規則だ。そうすると、なぜ時制が動詞や助動詞と近い関係にあるかが次の疑問となる。このような点を明快に説明できれば、一歩前進できるわけだ。

第二章で詳しく紹介する『統辞構造論』という著書の序文で、チョムスキーは〈単純で啓発的な（simple and revealing）文法を自然言語に対して構築できるかどうかを考察すること（p.11）〉と述べている〔以下、岩波文庫版『統辞構造論』からの引用には〈 〉の括弧を使い、文献の引用ページは p. あるいは pp.（複数）で示す〕。「単純」であることの重要性は今述べたとおりだが、「啓発的」という言葉は日本語では少々分かりにくい。

英語の revealing には、「（見えない部分を）明らかにする」という意味がある。つまり文法によって、見えない言語の「構造」を解明することを目指しているのだ。

これは、まさに物理学者が素粒子という「物質の究極的構造」（南部陽一郎著『クォーク 第2版』ブルーバックス、一九九八年 p.7）を探究しようとするのと同じ姿勢といえるだろう。物理学者もまた、単純な原理や法則によって、自然界の成り立ちを解明したいと考えている。チョムスキーの生成文法も、それと全く同じアプローチである。

このようなことを初めて聞いた人の中には、物理現象と人間の言語を同列に語ることに違和感を抱く人がいるかもしれない。素粒子や重力は自然界が生み出す現象であるのに対して、言語は人間が作り出したものだと思われやすいからだ。

確かに、言葉に「意味」を与えるのは人間かもしれない。例えば羽やくちばしなどを持つ動物を「鳥」と呼ぶのは、人が決めたことだ。ペンギンのように空を飛ばない「鳥」もいれば、空を飛ぶのに「鳥」とは見なされないコウモリのような動物もいる。鳥が「空を飛ぶ動物」という子どもにも分かりやすい定義とは限らない。

語彙や意味が人為的な約束事であるなら、地域や文化によって異なることだろう。実際、日本語で「稲・米・飯」と使い分けるところを、英語では「riceライス」と一語で表す。このように多くの人にとって、言語と言えば「単語」のことが頭に浮かびやすいせいか、言語に普遍的な法則があるとは考えにくいのだろう。

それに対して生成文法は、チョムスキーが発見して理論化しただけで、人が作ったわけではない。人間の脳に普遍的な文法システムを与えたのは自然である。普遍文法は言葉の「意味」とは違って人間の文化的産物ではなく、生物学的な脳機能というべきものなのだ。

文法は意味から独立する

従来の古典的な言語学には、そうした生物学的な視点がほとんどなく、言葉を人間が歴史的に作り出したもののように扱ってきた。しかしチョムスキーの理論はそうではない。生成文法は自然の産物であり、人間が言葉に与えた「意味」からは完全に独立している。

人間が「意味」を伝えるコミュニケーションのために言葉を生み出し、文法もその副産物だという前提で考えている限り、文法が意味から独立して存在するということは理解できないだろう。

具体例を見てみよう。次に挙げる例文は、チョムスキーが『統辞構造論』の〈第2章〉〔〈 〉付きの章番号は『統辞構造論』のものとする〕で示したものだ。

（1）Colorless green ideas sleep furiously

（色のない緑の観念が猛然と眠る）

（2）Furiously sleep ideas green colorless　(p.15)

訳文のとおり、（1）は意味をなさない文である（現代詩でもありえないだろう）。しかし意味がなくても、文の構造は正しく文法に従っている。チョムスキーは同書で〈英語の話者なら誰でも前者のみが文法的であることが判るだろう（p.15）〉と述べている。英語を母語としない人でも、少し英語に接していれば、これが文法的に正しいと分かるだろう。

それに対して（2）は単なる単語の羅列であり、全く文法に従っていない。無理に訳せば、「眠る猛然と観念緑の色のない」となり、やはり文法的におかしい。（1）も（2）も意味をなさない点では同じだが、一方は文法的（grammatical）であり、他方は非文法的

(ungrammatical) である。文から意味を取り去ってもその文が文法的かどうか判断できるのだから、文法判断が意味から独立していることは明らかだ。

この推論から分かるのは、言葉の意味に基づいて文法の性質を調べようとする試みが失敗に終わるということである。しかし、保守的な言語学者たちはそのことを今なお受け入れようとしない。しかも、「人間の言語はコミュニケーションのために生まれ、進化した」と主張する研究者はいまだに後を絶たない。意味を伝え合うことで成立する言語から、意味を除いて研究することは直感に反するというわけだ。しかし、先ほどの例文（1）から明らかなように、その議論は正しくない。

チョムスキーが進化論を否定したという誤解

人間の言語は、コミュニケーションのために作られたものではない。進化の過程で、脳にたまたま普遍文法という働きが備わった結果、思考やコミュニケーションに使われるようになったにすぎないのである。詳しくは後で述べるが、その普遍文法は言語だけでなく芸術などの創造でも使われ、人間の知性の根幹となったと私は考えている。

そもそも生物の進化には「目的」など存在しない。「キリンの首は高い木の葉を食べるために長くなった」とか、「高度な思考や知性のために脳が大きくなった」などという目的論（teleology）は、進化論に対するよくある誤解の一つだ。進化は、「なるべくしてなる」といった運命論や宿命論（fatalism）でもない。

　人間がたまたま得た文法を使って言語によるコミュニケーションを行うようになったのも、進化がもたらした「結果」や「現象」にすぎない。言語は、コミュニケーションという「目的」のための手段ではないのだ。

　チョムスキーをめぐる誤解の一つに、「チョムスキーは進化論を否定した」というものがある。だがチョムスキーが否定したのは、言語に対する選択圧（突然変異の選択にかかわる要因のこと）であって、進化論そのものではない。選択圧が関与しない突然変異の例として、適応の上で有利でも不利でもない「中立な変化」があり、正常な遺伝子とよく似た配列を持ちながらも機能することのない「偽遺伝子」が多数存在することが知られている。

　言語能力は環境に適応するような突然変異が徐々に積み重なって現在の形になったのではなく、選択圧と関係しない突然変異によるものだとして、チョムスキーは次のように述べている。

「あるわずかな変化、脳内のわずかな再配線があったことは間違いなく、その再配線によって言語のシステムがどうにかして作り出されたということを意味しています。そこに選択圧は存在しません。ですから、言語の設計は完璧であったのでしょう。それはただ自然法則に従って起こったことなのです」（チョムスキー著〔福井直樹・辻子美保子編訳〕『我々はどのような生き物なのか　ソフィア・レクチャーズ』岩波書店、二〇一五年　p.32）。

ここで「ですから、言語の設計は完璧であったのでしょう」と述べているのは、先ほど説明したように、「言語は生存環境への適応の産物ではなく、選択圧と関係しないから、言語の設計は完璧になり得た」という意味である。脳科学者の中には、人間の脳機能はすべて進化途上で選択圧にさらされたことによる試行錯誤の産物だから、完璧な設計などあり得ないと主張する人は確かにいる。人間の脳機能が完璧でないという証拠に、錯覚や妄想などがあるというわけだ。

しかし言語は、後で述べるように無限に長い文と、文中の呼応（前後の語句が一定の形で結びつくこと）を扱えるように完璧に設計されている。たとえ一兆、一京（一兆の一万倍）のように、いくら大きな数であっても、それはすべて有限な数にすぎず、無限には遠く及ばない。つまり数を段階的に大きくしていったところで、無限には決して到達できないということだ。化石人類の進化の過程で、例えば三まで数えられる類人猿から出発して、十・百・千・万・億……のそれぞれまでを数えられる段階を「連続的に」経ながら、やっと人間のように無限を理解する種が現れた、というのは誤った議論である。これは数の大きさという「量」の問題ではなく、有限と無限という「質」の違いである。人間の脳は、突然変異によるたった一度のみの不連続な変化によって、確かに「無限」に対応できるようになったと考えるしかなく、人間はその時点で完璧な能力に到達したと言えるのだ。

言語は双子から生まれたのかもしれない

さて、世界で初めて言葉を話した人類は、まわりに話せる人が誰もいなかったはずだ。チョムスキーの言うように、脳に再配線が起こって言語機能を持ったとしても、まわりに言語環境がなければ、「オオカミに育てられた子ども」のように言葉は話せないのではないか。

この大問題を解決する一つの可能性を指摘しよう。もし年の近い兄弟姉妹、特に一卵性双生児で同じ遺伝子の突然変異が共有されたなら、言語能力を獲得した子どもたちの間で言語が生まれる可能性がある。たとえ一方の話す言葉が不完全だったとしても、子どもには優れた「クレオール化」（不完全な言語である「ピジン言語」を十全な母語に変えて獲得すること）の能力があるため、他方がより自然な言語に直すことができる。

そのようにして最初の言語が確立し、さらにその遺伝子を受け継いだ子どもたちが生まれるなら、言語が人類の間で広まっていくだろう。その過程でクレオール化が進んで、世代によって言語の多様性も増すことになるわけだ。

実際、双生児の間にはその二人の間だけで通じる「ツイントーク」（独自言語 idioglossia の一種）が知られている。例えば、「ダ、ダ、ダ」と言う時のわずかな抑揚の違いで違った意味が表され、それが二人で共有される。特に一卵性双生児どうしでは意思が通じやすいため、一般的な傾向としてどんどん言葉が短くなっていき、親も分からないような会話が成立してしまうのだ。この現象も、クレオール化の一例として理解できる。

双生児では二人で話し合って考えることがよくあるというが、それはちょうど自問自答しながら考えるようなものである。すると、たった一人でも思考力が高ければ、自分との対話を通して新たな言語を生み出せるかもしれない。つまり、言語の起源は他者との会話とは限らず、そうした「内言語（思考言語）」であった可能性もあるのだ。

文の秩序を支える「木構造」

生物学的な視点から言語を研究するということは、人間を科学的に知ることにつながる。しかし、「言語は人間が作ったのではなく、自然法則で生まれた」と言われると、「人間性」の根幹が揺らぐように思う人がいるかもしれない。人間は自らの意思で考え、行動し、多様な文化や社会を築いてきた。その思考の根底にあるのは言語だ。だから、言語が自然の産物だとなると、人間の主体性がないかのように感じられる可能性はある。

ところがそれは誤解である。人間の言語の根底に共通した秩序があるからこそ、どの時代、どの地域の言葉（個別言語）であっても、それらの間で相互のやり取りが保証されるのだ。そうした言語の深層にある構造を知ることで、人間の本質が見えるはずだとチョムスキーは考えた。

人間の思考力とは、言語能力という基盤の上に想像力が加わったものだ。人間のさまざまな能力は分けて考えてしまいがちだが、「思考力（知性）＝言語能力（理性）＋想像力（感性）」として、有機的に結びつけて考えたい。

それでは、「人間の本性（ほんせい）」の要と見なせるような言語の構造とは何か。次章でいよいよその本質に踏み込んでいくが、その前に、ここでチョムスキー理論の最も重要な部分を紹介しておこう。それは文の基本構造であり、「木構造tree structure」の形を成す。

まずは、木の枝がどのように分かれているかを考えてみよう。そこには、「分岐を何回でも繰り返す」という基本的な原理がある。どんなに複雑に見える木の枝も、もとをただせば一本の幹だ。そこから分かれた枝がさらに分かれ、分かれた枝のそれぞれがまた分かれる……というプロセスを繰り返して、全体が複雑な木構造となる。

これは木だけでない。例えば川に支流ができる時なども同様であり、ミクロの世界でも、神経線維や血管などの分岐にまで同じ原理が働く。つまり、そうした分岐のパターンは、自然界で見られる木構造なのである。それならば、自然法則で生まれた言語に同じような構造があっても、不思議なことはないだろう。

チョムスキーは、ヘブライ語や英語などの文構造を徹底的に研究することによって、自然言語は基本的に木構造になっていることを発見した。これこそ人間の言語に共通する普遍的な構造であり、その特徴を説明するのが普遍文法にほかならない。日本語と英語などの文を比較すれば分かるとおり、主語、動詞、目的語などの語順は言語によってさまざまだが、どのような語順であれ、文の秩序を支えているのはこの「木構造」なのだ。

図1　言語の骨格（木構造）

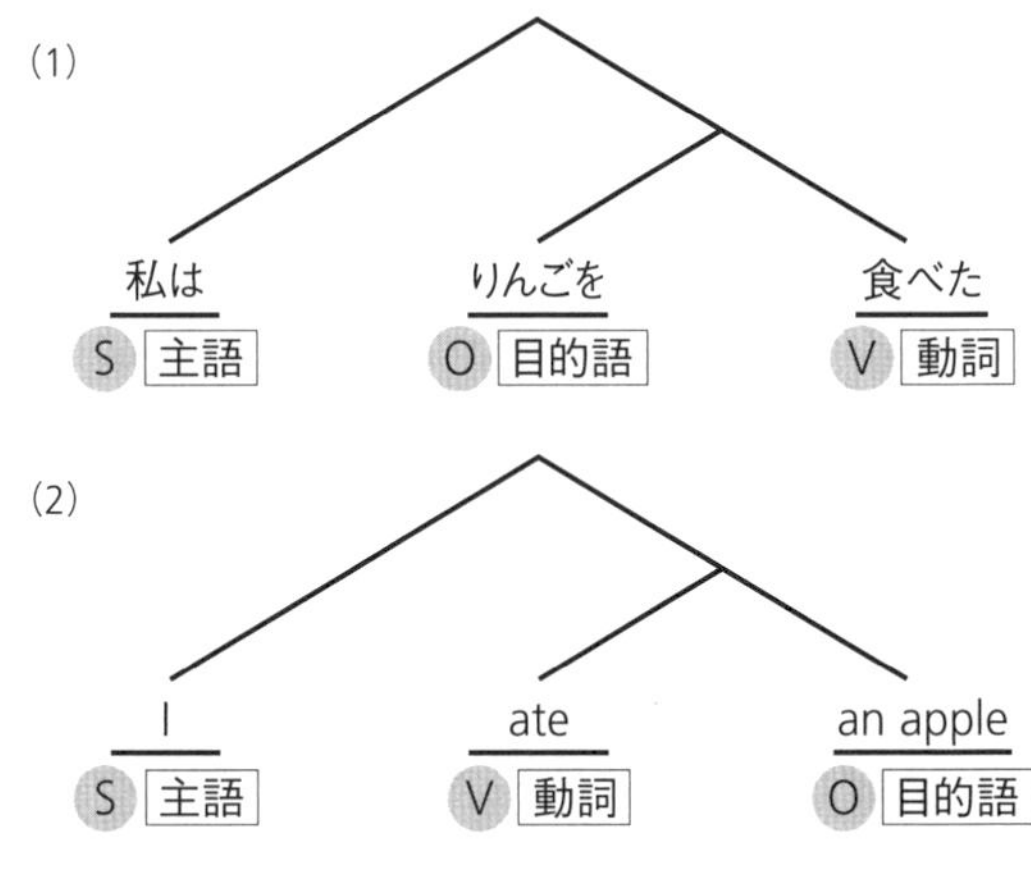

階層性を持つ木構造

それでは、言語の骨格ともいえる文の木構造を具体的に見てみよう。同じことを、日本語（1）と英語（2）で表してみる。

（1）「私はりんごを食べた」
（2）"I ate an apple"

語順は、日本語が主語・目的語・動詞（SOV）、英語は主語・動詞・目的語（SVO）だ。しかし**図1**に示したとおり、その木構造は変わらない。どちらも、まず一番高い位置で、主語（私は／I）と述語（りんごを食べた／ate an apple）に枝分かれする。さらに述語が、目的語（りんごを／an apple）と動詞（食べた／ate）に分かれるわけだ。

次に文の述語を長くしていって、構造がどのように変わるかを見てみよう。

（3）「私は昨日りんごを食べた」
（4）「私は昨日家でりんごを食べた」
（5）「私は昨日家で父とりんごを食べた」

図2に示したとおり、（1）や（2）では「二階建て」だった木構造が、さらに三階建て、四階建て……といくらでも積み上げられることが分かるだろう。このような積み上げの性質を「階層性 hierarchy」と呼ぶ。階層性を持つ木構造が骨格として言語を支えているからこそ、人間はいくらでも長い文を生成できるのである。

「みにくいあひるの子」は何がみにくいのか

さらに、全く同じ語順の文であっても、木構造が変わればその意味も変わる。例えば「みにくいあひるの子」は、**図3**のように二通りの木構造を持つ。まず、「あひるの子」が

図2　述語を一つずつ長くした場合

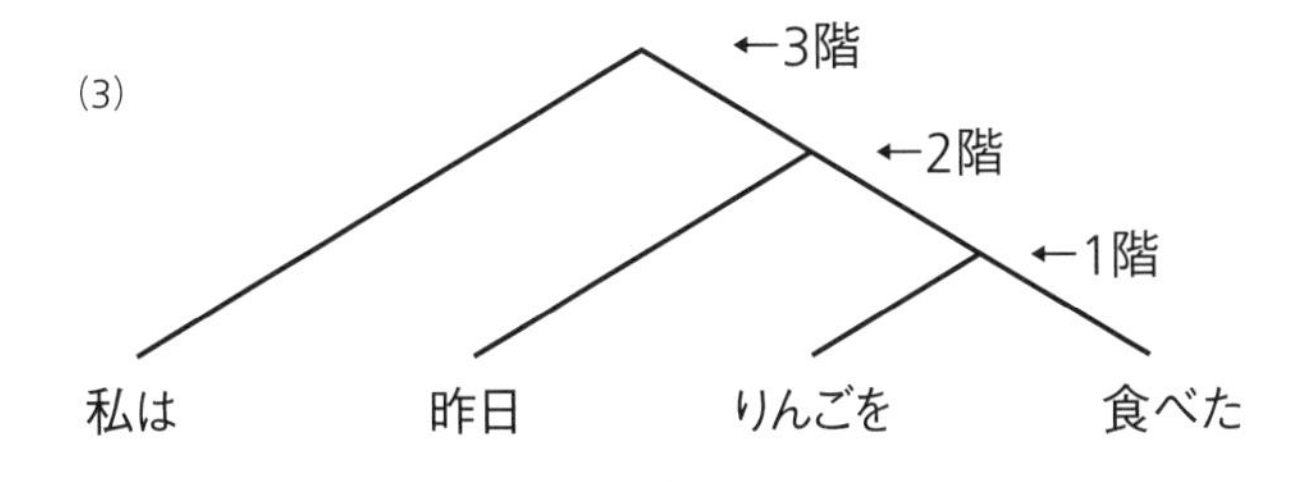

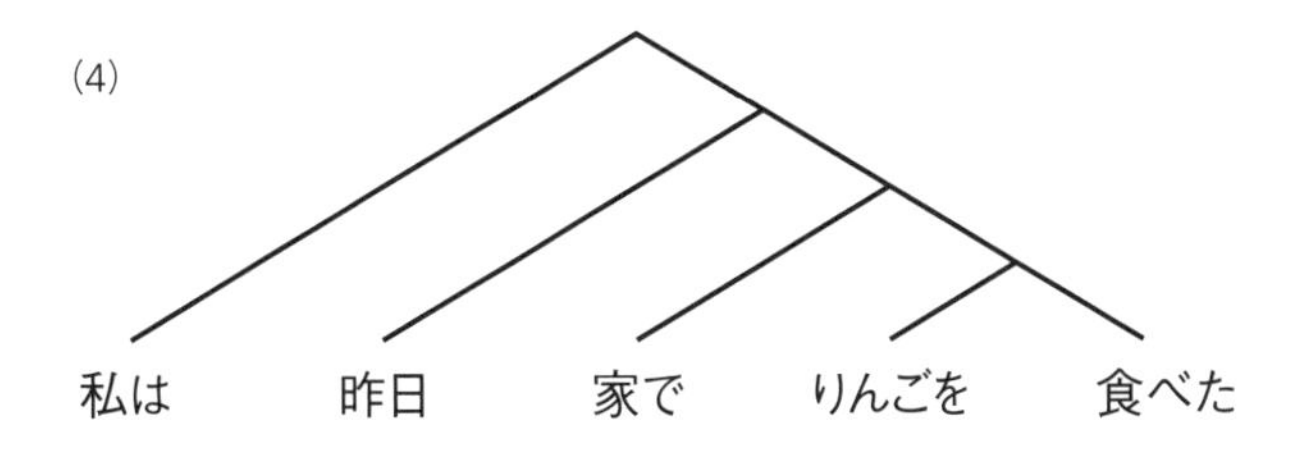

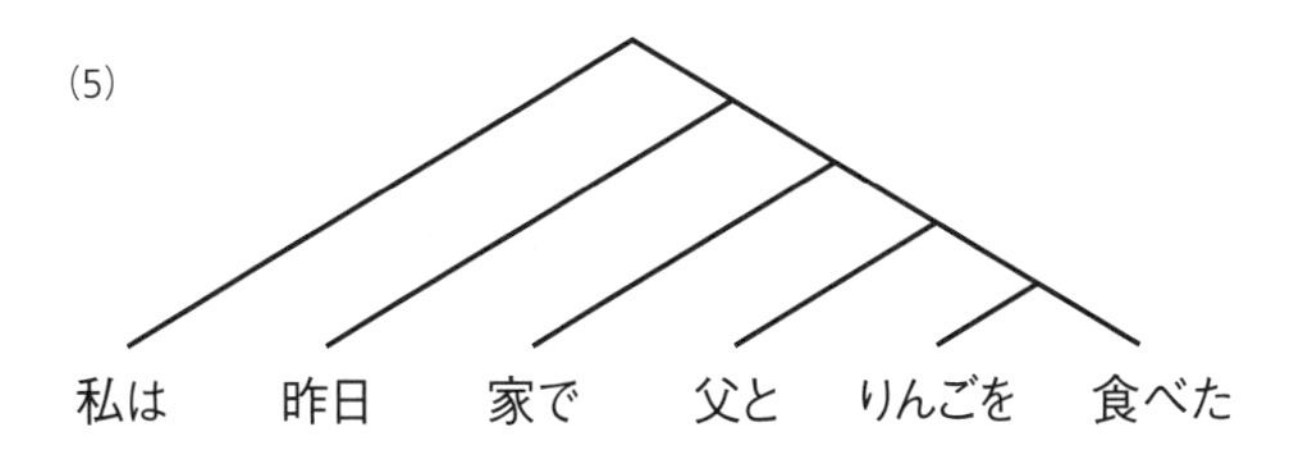

まとまって一階部分となり、その上の二階で「みにくい」と結びつく場合は、要するに「みにくい子」となって、アンデルセンの童話のタイトルと同じ意味になる。

一方、「みにくいあひるの」がまとまって一階部分を作り、二階で「子」と結びつくと、「みにくいあひる」を親に持つ子の意味になってしまう。「鳶が鷹を生む」のように、その子はかわいいかもしれないから、それでは話が変わってしまう。

以上の違いを木構造で表すと、前者（童話のタイトル）は図3の上段、後者は下段のようになる。文字の表記が同じでも、その背後にある構造は全く違うわけだ。

ところが音声で発話すれば、両者をはっきり区別できる。前者なら「みにくい、あひるの子」、後者なら「みにくいあひるの、子」といった違いが自然に生ずる。この境に生じる「間」は、一階と二階の区切りに相当するのだ。同時にイントネーション（「みにくい」の語尾が下がるか否か）も変わるため、さらに聞いて区別しやすくなる。

日常的にも、メールなどの文字のやり取りでは同様の問題が起こるに違いない。例えば、Aさんが週末の午後の予定を決めたくて、Bさんに次のメールを出したとしよう。

「先日の件ですが、土曜と日曜の午後ではご都合いかがですか」

図3　「みにくいあひるの子」の二通りの木構造

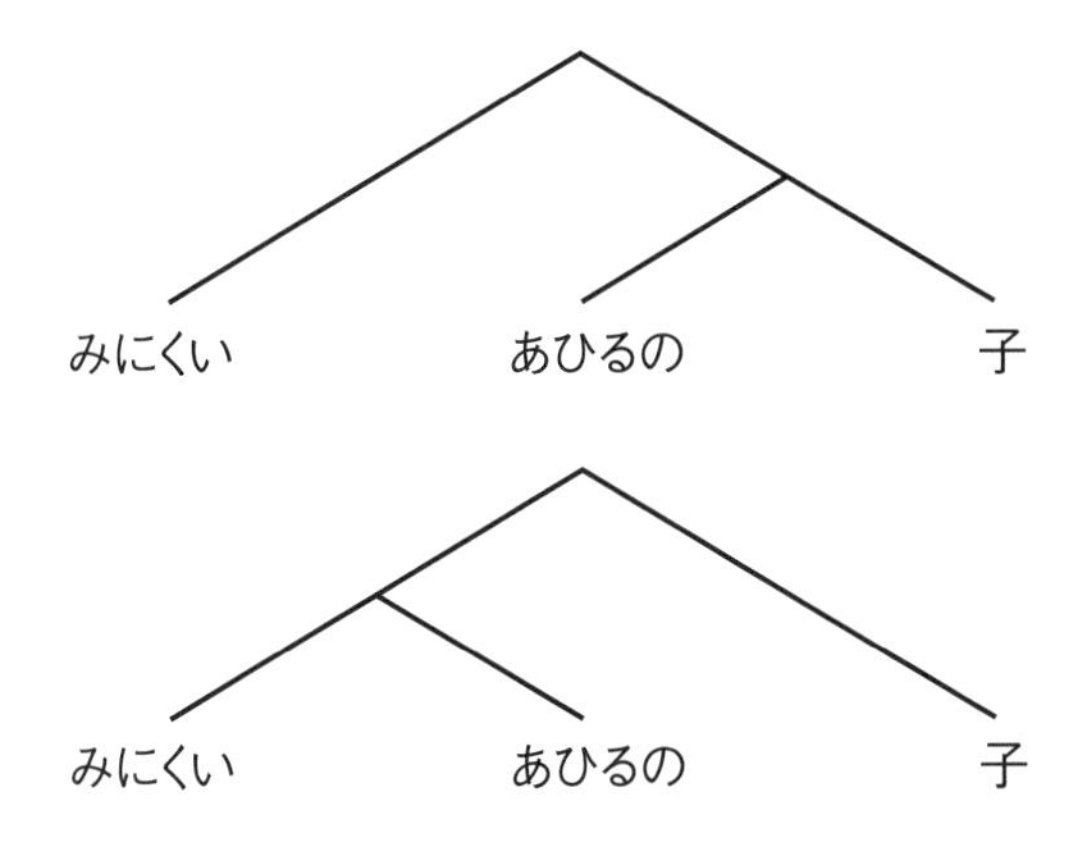

図4　意味の二重性

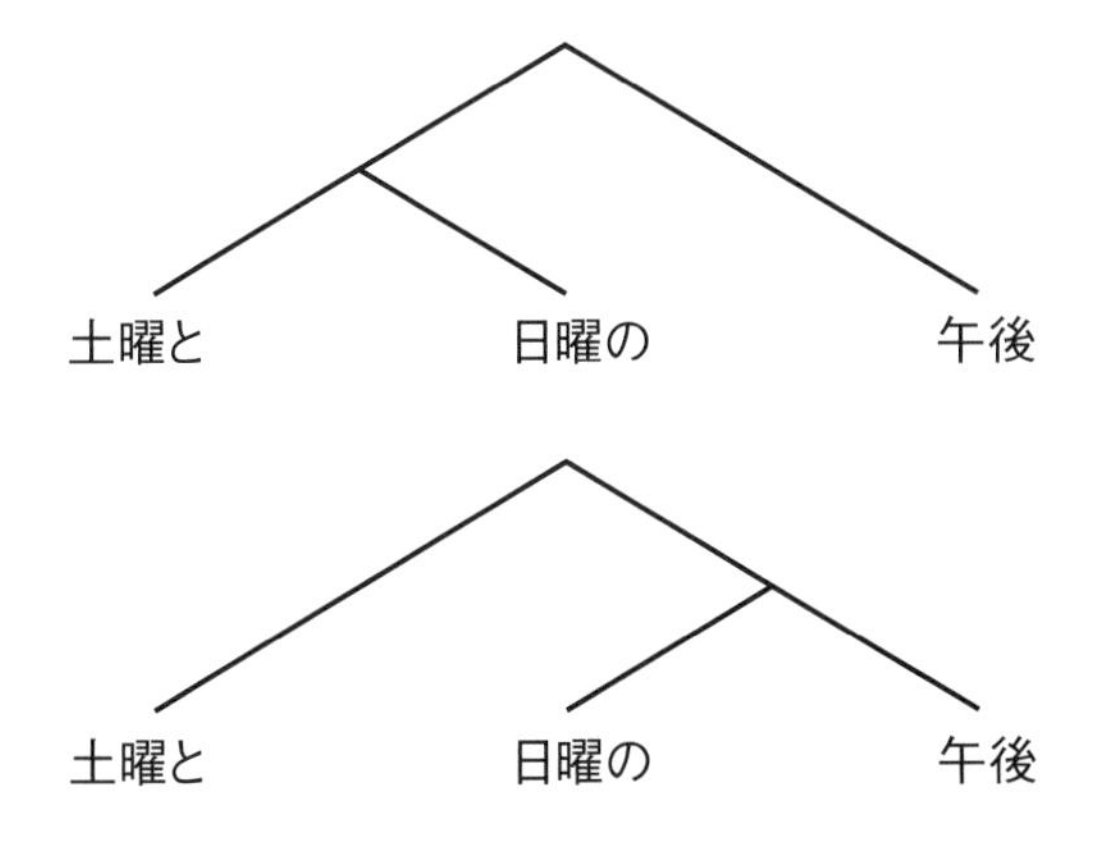

するとBさんから、次のような返事が来た。

「それでは土曜の午前中でお願いします」

Aさんは土日両方の午後についてたずねたつもりだったが（区切りは「午後」の前）、Bさんは土曜の全日と日曜の午後について聞かれた（区切りは「土曜と」の後）と理解したのだ。この行き違いは、先ほどの例と同じように、一階建てと二階建ての区切り方にある。

もしAさんが電話で話したのであれば、おそらくこの行き違いは生じなかっただろう。この文の根底にはそれぞれ**図4**の上段と下段のような木構造があるので、Aさんは「土曜と日曜の、午後ではご都合いかがですか」と少し間を空けて伝えたはずだ。

ただし、この「間」の認識には精妙な感覚が必要とされる。早口の人なら「間」の時間も相対的に短くなるから、決まった時間があるわけではない。母語話者に近い感覚が求められるとも言えよう。

例えば知らない言語では、聞いてもどこが文節の切れ目か判断しにくく、文ごとに一つながりの音の連なりに聞こえるだろう。しかし習熟が進むと、その大波の中から、徐々に文節の小波が部分的に切り出せるようになってくる。そうした文節の切れ目こそが、大なり小なり「間」となっていて、リスニングの上達に大きく関係している。音声合成ソフトが読み上げる場合でも、意味によって変化する「間」やイントネーションをどのように含めるかが大きな課題であり、聞きやすさと分かりやすさに直結する。

このように、「間」が発話に存在することで二種類の発話意図を区別できるという事実は、「二股の分岐 binary branching」を重ねた木構造の存在を裏付けている。なぜなら、**図3**や**図4**の例で三つ股を許すと一通りの木構造しかできないため、二種類の解釈を説明できないからだ。つまりこの場合は、$a\cdot(b\cdot c)=(a\cdot b)\cdot c$（・は分岐を表す）という演算の結合法則が成り立たない。このことは、「a＝みにくい、b＝あひるの、c＝子」として確かめられる（**図5**）。

要するに自然言語の木構造では、基本的に二股の分岐のみに限られ、三つ股以上が許されないことで階層性が生じるのである。

図5　分岐で結合法則が成り立つ場合（上）と成り立たない場合（下）

三つ股の場合

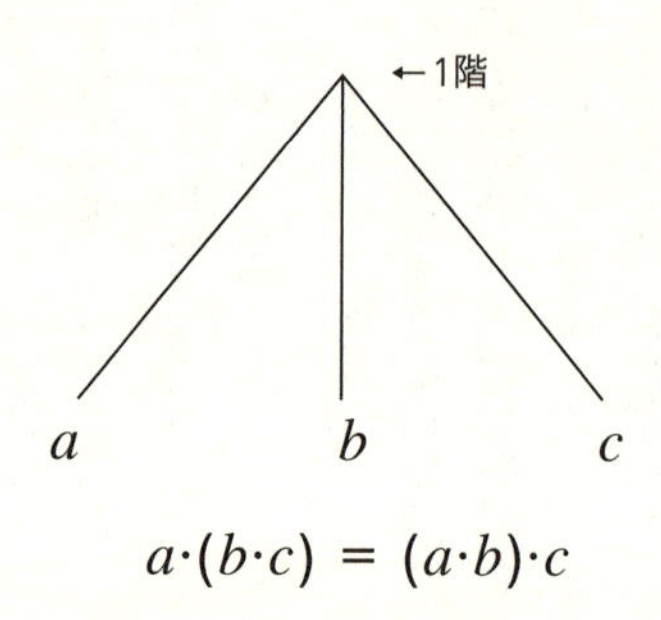

$$a \cdot (b \cdot c) = (a \cdot b) \cdot c$$

二股のみの場合

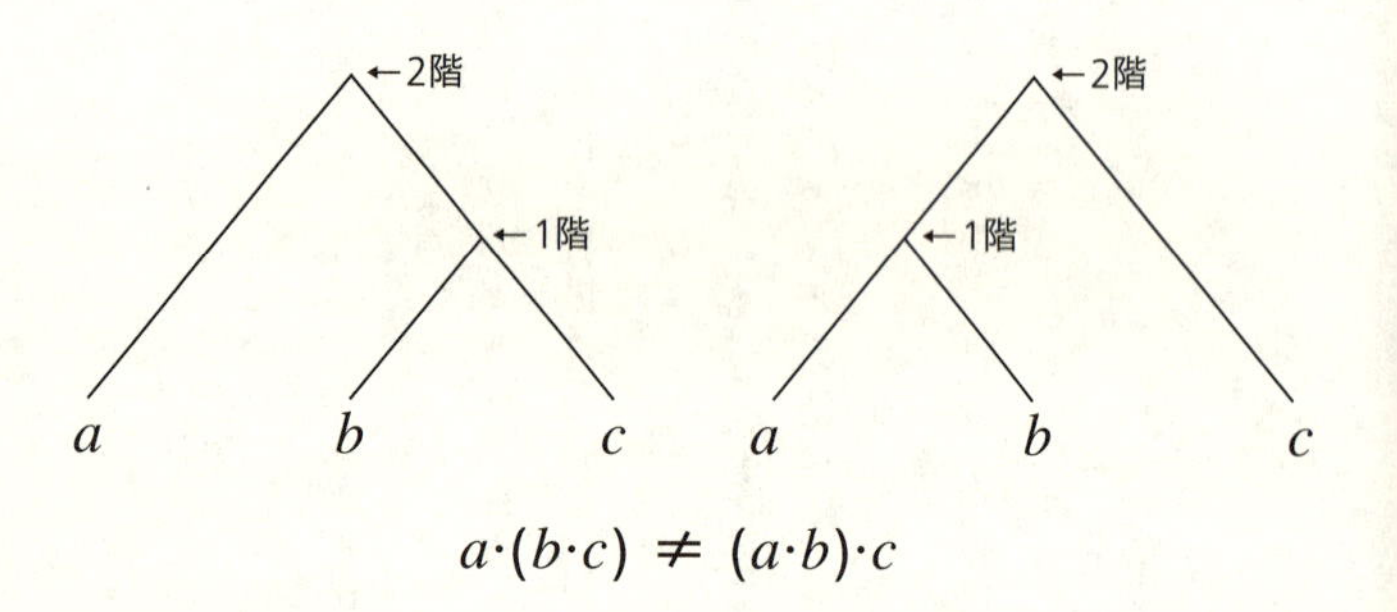

$$a \cdot (b \cdot c) \neq (a \cdot b) \cdot c$$

人工知能が言語をうまく扱えない本当の理由

人工知能の進歩が広く注目されるようになって、近いうちに自動翻訳が実用化すると一般には思われているが、実際には最もハードルが高い技術を要する。自然言語の仕組みが解き明かされていない現状では、人間と機械の間の一言語のコミュニケーションすら実現が難しい。自動翻訳で広く使われている技術は、二言語間の膨大なデータに基づいて単語どうしのマッピングを行うもので、人間のように文意や発話意図の解釈に基づいて翻訳するわけではない。だから、文字認識・音声認識や音声合成の技術が進んでも、肝心の構造と意味を伴わない限りは明らかな限界がある。

また、人工知能には「フレーム問題」といって、命令を実行する際に、目的と関係しない可能性まで考慮に入れて計算していると、時間が際限なくかかってしまうという問題がある。そこで、関係のないことはフレーム（決められた枠）の外と見なして、計算から除外する必要がある。例えば「水差しから紙コップに水を注げ」という単純な命令でも、「コップは動かない」とか「机は動かない」といった直接関係なさそうなことは無数にあるので、すべての可能性を考慮していたらきりがないのだ。

ところが、水の勢いでコップが倒れてしまうと注げなくなってしまうから、コップの動きを全く無視するわけにもいかない。コップがフレームの外でないなら、机や床はどうか。機械はそこで迷ってしまうだろうが、人間はまず悩まないだろう。人も時には「想定外」の失敗を経験するわけだが、フレーム問題のために思考停止に陥ることはまれである。そこに人間と人工知能の違いがありそうだ。

フレーム問題は一般論であるが、言語にも深く関わってくる。普段の会話では、話者が同じでも話題がどんどん変化していくものなので、人工知能が話題についていくだけでもかなり難しい。話題が変わるからといって、不特定多数の人々の会話を想定してしまったら、計算が到底追いつかない。同じ人が話しているのだから、同じ発話傾向のもとに会話の先読みをすべきである。実際の会話でも、自分がこれから話したいことを相手もある程度予測して合いの手を入れてくれると、お互いに話しやすくなる。

このように、人間と自由な会話ができる人工知能を作るには、「話者」というフレームをうまく設定して、適切な文脈に基づく文を作っていく必要がある。そして一つの文を作るにしても、木構造の再現や、構文の解析が不可欠である。実際、木構造に基づいて構文解析の技術を取り入れた人工知能の研究も進められている。

先読み処理の限界

人工知能で自然言語処理の主流となっているのは、話し言葉や書き言葉のビッグ・データ（コーパス）を集めて統計的に分析することによって、次に現れそうな単語を予測し「先読み」させる技術である。例えば「私は昨日りんごを」と来たら、統計的には高い確率で「食べた」と続くことを予測するだろう。つまり、「私は↓昨日↓りんごを↓食べた」といった直線的な単語の並び（「線形順序 linear order」と呼ばれる）を順に作っていくのだ。そうした人工知能の研究では、次に来るべき単語について、先読み処理の精度をできるだけ高めることが目標となっている。

生成文法によれば、この文は**図2**(3)（67ページ）のように三階建ての木構造となる。「りんごを—食べた」、「昨日—りんごを食べた」、「私は—昨日りんごを食べた」という結びつきが、すべて二股の分岐になっていることを確認しよう。ところが平屋の線形順序では、「私は昨日」や「昨日りんごを」という不自然なつながりが生じてしまうし、「昨日↓りんごを」といった意味的に予測しがたい先読みを強いられることになる。

先ほどの「土曜と↓日曜の↓午後」の例では、先読みによって「土曜と日曜」が先に結びついてしまうと、二種類の解釈が生じることが説明できなくなる。木構造で成り立っている文を先読み処理だけで扱うのは、原理的に不可能なのだ。異なる言語間の翻訳にしても、膨大な辞書データを使う「力業（ちからわざ）」で解決しようとしているにすぎず、言語の本質に迫っているとは言えない。

人工知能の現状を知るために、ちょっとした実験をしてみよう。

大規模なコーパスの活用を誇るGoogle翻訳で「みにくいあひるの子」と入れたところ、"Son of awful duck"という結果になった（執筆時点）。そもそもこの訳は冠詞を欠いており、文法的に誤っている。「みにくいアヒルの子」と入力すると、"Son of a hard duck"となってなぜか冠詞が現れるが、どちらも「son（息子）」というように勝手に性別を定めて擬人化するのは不可解だ（第三刷時点で"Hard to see~"のように「見にくい」となった）。

語の区切りを正しく認識させるため、「みにくい、あひるの子」としてみても、"Ugly, child of duck"となるだけで、Uglyが何につながるか分からない。結局、正しい英訳である"The Ugly Duckling"（タイトルなので大文字で表記される）は得られなかった。「あひるの子」をまずduckling（鴨や家畜化された「あひる」の雛）と訳す必要があったわけだが、そうした知識がないだけでなく、そもそも木構造を正しく解析できていないことは、これではっきりした。

また、語彙が組み合わさると、それぞれの語を超えた意味になることがよくある。例えば、「へそで茶を沸かす」といった慣用句では、個々の語を訳しても仕方がない。そのためにも、どこまでが慣用句なのかを見極める必要がある。英語のイディオムに気づかずに誤訳をしてしまった経験は、誰にでもあるだろう。

また、語彙それぞれが持つさまざまな意味の一部どうしを適切に組み合わせると、初めて全体の意味が得られるということもある。そこで人工知能は、膨大な単語の組み合わせ、すなわち熟語を網羅的にビッグ・データに入力することで対処しようというわけだが、それすらうまくいっていないのが現状である。

文法をモデル化しようとするなら、木構造の枠組みを入れることが必須となってくる。「土曜と日曜の午後」の例のように、構造が決まらないと意味が決まらないからである。

さらに子どものように、環境の中で自然と言語を習得していくような人工知能を作るためには、脳に組み込まれた言語獲得のメカニズムについて研究しなくてはならない。その道のりは途方もなく長く険しいかもしれないが、挑戦しがいのある問題なのだ。

木構造でいくらでも長い文を作れる

そもそも人間の言語は、基本的に「先読み」ができないのである。例えば日本語で「昨日りんごを」の次に来る単語は、統計的には「食べた」となる頻度が高いかもしれないが、「食べなかった」「買った」「もらった」「お隣にあげた」など選択肢は無数にある。

また、木構造の枝を増やしていけばいくらでも長い文を作れる。予想外の展開を持った文の好例は、谷川俊太郎・作、和田誠・絵による絵本『これは のみの ぴこ』（サンリード、一九七九年）だ。広く読まれている作品なので、知っている人も多いだろう。

この絵本の最初のページには、のみの絵と「これは のみの ぴこ」とある。ページをめくると、のみと猫の絵に「これは のみの ぴこの すんでいる ねこの ごえもん」とある。次は猫と男の子の絵があり、「これは のみの ぴこの すんでいる ねこの ごえもんの しっぽ ふんずけた あきらくん」。そうしてページをめくるごとに文がどんどん長くなっていく。きりがない「きりなし歌」の典型だ。

『これは のみの ぴこ』の木構造の変化を表したのが、次の図6だ。上段の木構造では、一番上で「これは」という主語と「(のみの) ぴこ〔です〕」という述語の二つに分かれている。これは木の幹に一番近いところで両者が結びつく基本形（図6の太線部）なので、

図6　一通りの木構造

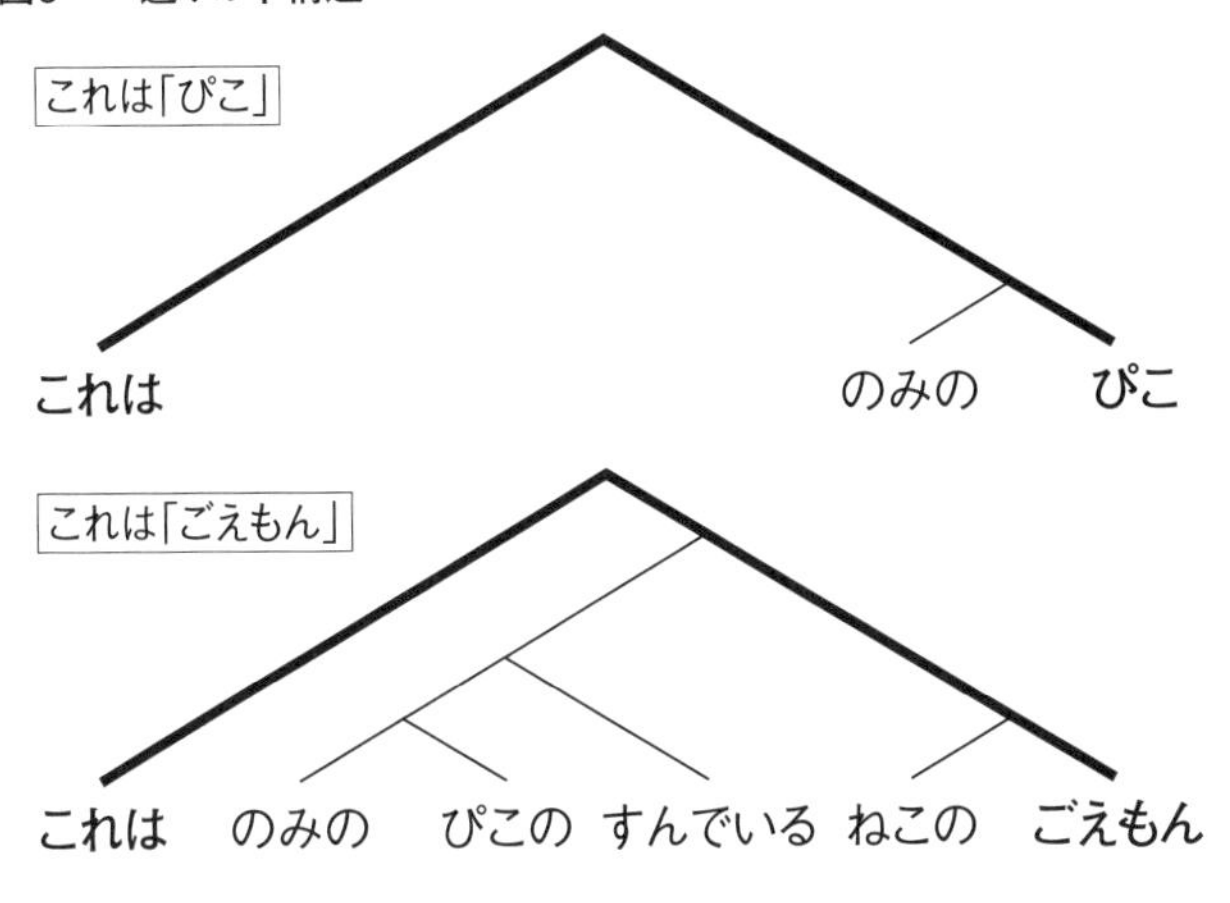

よく覚えておきたい。

なお、この述語は「のみの」と「ぴこ」に分かれる。「のみの」は省略できる修飾語なので、「これ」が指すのは「のみ」ではなく、被修飾語である「ぴこ」のほうだ。

次に下段を見ると、木構造は大きく主語「これは」と述語「のみの～ごえもん〔です〕」の二つに分かれ、「のみの　ぴこの　すんでいる」と「ねこの」という二つの修飾語が、述語に向かうラインの途中から枝分かれしている。今度は、「これ」が指すのが「ぴこ」ではなく、被修飾語である「ごえもん」となる。

その先のページに出てくる文の木構造は、読者への宿題としておこう。文が長くなるに従って、枝分かれがどんどん繰り返されることは予想がつくだろう。それでは、すべての文に共通した主語である「これ」が指すものは、何だろうか。二つの文で説明したが、文が長くなるたびに指しているものは変わる。そこにはどんな決まりがあるのだろう。

多くの人は、「文末に来る名詞」だと答えることだろう。そうするとすぐに、次の疑問が湧いてくるに違いない。「なぜ文末に来る名詞でなくてはならないのか」と。

再び木構造で考えてみよう。木の一番上の枝は、主語と述語の二つに分かれている。すると、主語の「これ」が指すのは、木構造で述語をたどっていって一番右にある被修飾語、すなわち文末に来る名詞だと分かる。

木構造において決まる距離

もう一つ例を挙げよう。「これは　私のいとこの友達の弟であるあきらくん〔です〕」という文では、主語「これは」と述語「あきらくん〔です〕」が最も遠く離れているが、**図7上**のように、両者が木構造では幹に一番近いところで結びついている。それ以外の文節はすべて「あきらくん〔です〕」に対する修飾語となるわけだ。

この文を英語に訳すと、"This is Akira, who is a brother of my cousin's friend" となる。

図7　木構造との対応関係

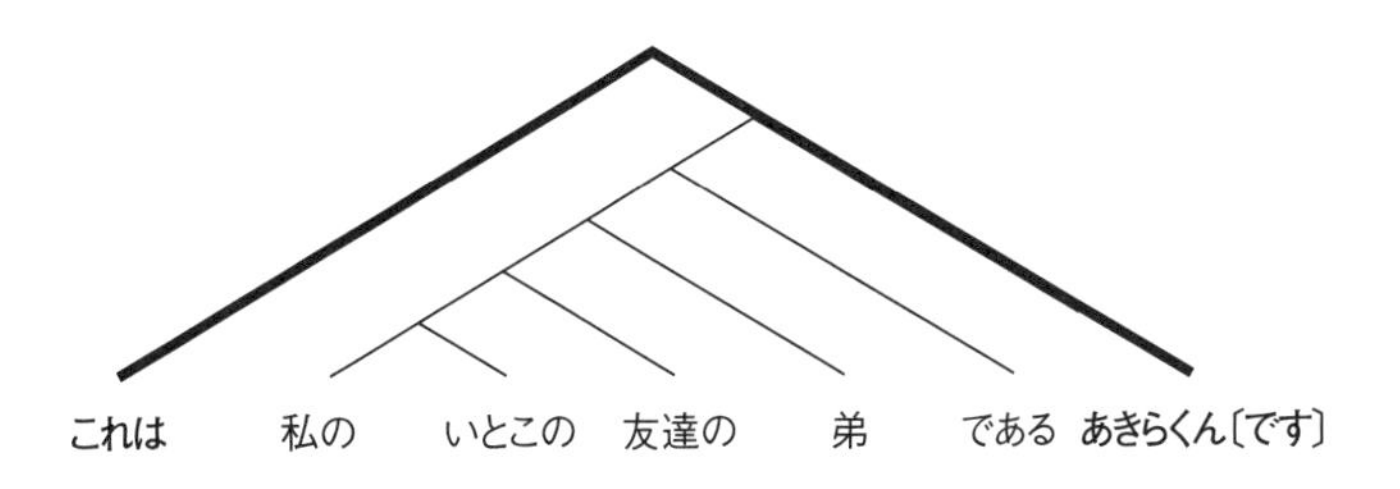

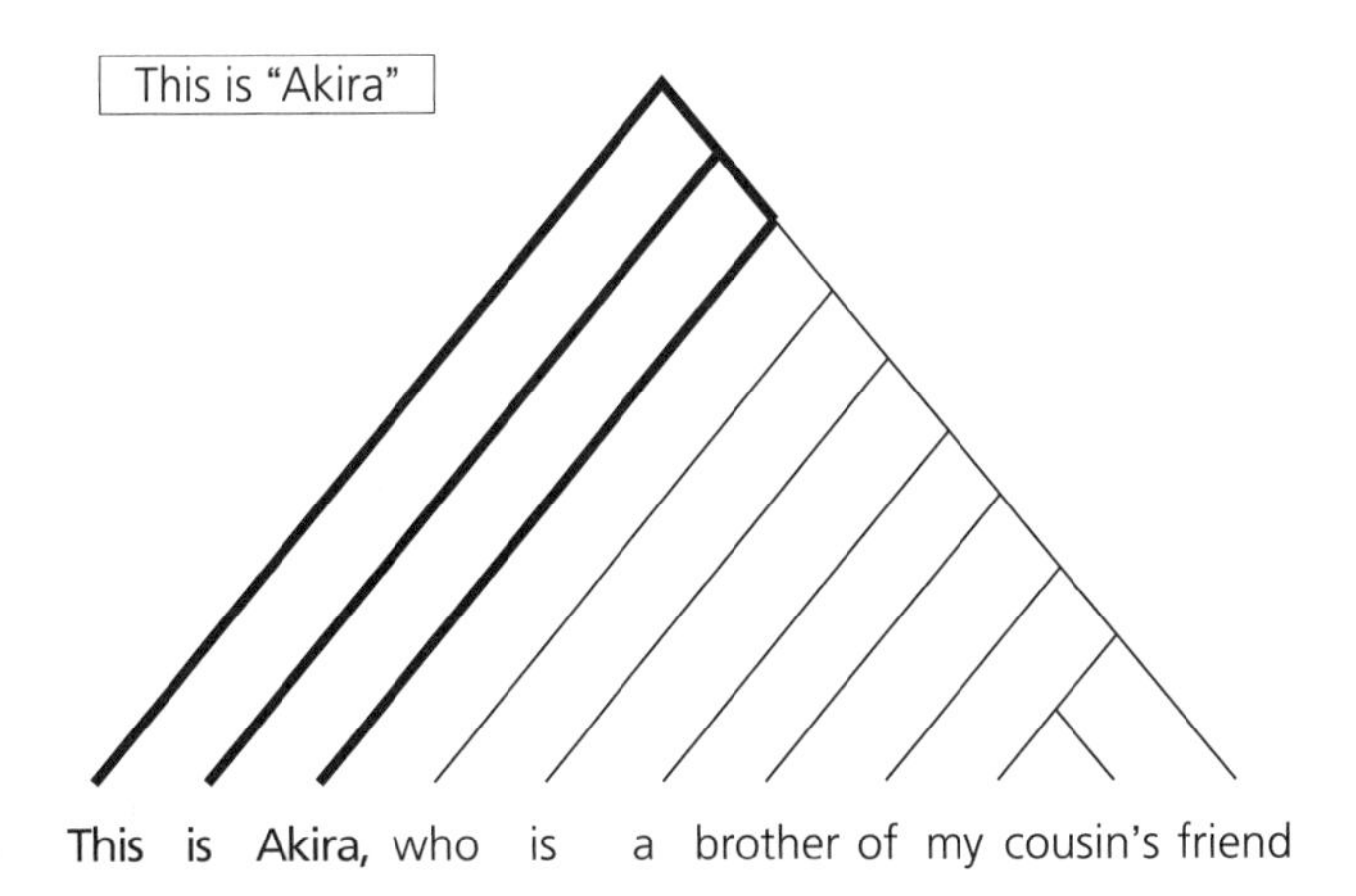

主語"This"と述語"is Akira"が呼応することに変わりはなく、この文の木構造は図7下のようになって、主語と述語がやはり幹に一番近いところで結びついている。見た目がかなり違うのは、日本語では関係節の修飾語が被修飾語の前につくが、英語では関係節(whoやwhichなど)の修飾語が被修飾語(この場合は"Akira")の後につくという違いのためだ。

以上見てきたように木構造という考え方自体は単純だが、主語・述語や修飾語・被修飾語などを枝分かれに関係づけることで、言葉を入れ替えても同じ文の構造を定めることができる。

日本語や英語などの文法規則に基づいて木構造を定めることは、言語による普遍的な「計算」と見なせる。ここでいう「計算」とは、決められた文法に基づいて文の構造を作ったり、与えられた構造が文法的に正しいか否かを判定する作業のことである。同じ文法規則で扱える文の種類が多いほど、その文法は「強力な計算」だと言われる。自然言語の生成文法はきわめて強力な計算なのだ。

先ほどの「きりなし歌」で言えば、どんどん言葉が続いて長い文になって、物理的な距離が延びても、その文の長さは、「これは○○〔です〕」という呼応に影響を与えない。つまり、少なくとも幹に一番近い基本の形(図7の太線部で示した主語と述語のペア)は揺るがないのである。このように、間にある語を除いた呼応のみの関係で定まる距離（物理的な距離とは区別して「構造的距離」と呼ぶ）は、変わらない（図7の太線部）。前述したようにこれらの性質は日本語と英語で共通であるばかりか、人間の言語すべてに共通しており、普遍文法の性質の一つと考えてよい。

ただし、「来た、見た、勝った（古典ラテン語でVeni, vidi, vici）」のように、日本語やロマンス語系のイタリア語・スペイン語などで主語を欠く場合はあるが、その場合は主語が省略されただけで、「空（から）」の主語（「空主語（くうしゅご）」と呼ばれる）があると考えればよい。

「再帰性」とはどのような性質か

『これは　のみの　ぴこ』などの例で見てきた木構造のように、同じような構造を何度も繰り返し当てはめて組み上げていく性質のことを、「再帰性 recursion」という。この再帰性は言語機能、そして人間の本性を特徴づけるものだが、少しイメージしにくいかもしれないので、丁寧に説明していこう。

まず、ロシアや東欧の伝統工芸であるマトリョーシカ人形を思い浮かべてほしい。人形の中に大きさは小さいが同じ形の人形が入っている。そしてその小さな人形の中にも、さらに小さな人形が入っているわけだ。このように同じことを繰り返すだけで、延々と入れ子構造が作られる。形だけ見れば、すべて「自己相似」になっており、再帰性を持つ入れ子構造である。

そうした再帰的（recursive）な「操作」を一般化すれば、数学になる。0、1、2、3、4、……といった「自然数（0を含める）」は、0から始めて「得られた数に1を足す」という足し算を無限に繰り返して得られるわけで、再帰性の最も単純な例だ。また、このことは「X→0; X→X＋1」という短い「文法」で表せる。この文法は、次の章で説明する「指令公式」と同じ形になっているので、第二章を読んだ後に復習していただきたい。

数学における再帰性のほかの例として、「フラクタル構造」がある。これはフランスの数学者ブノワ・マンデルブロ（一九二四～二〇一〇）が発見した幾何学で、**図8**のように、図形の一部分と全体が自己相似になっているものを含む。フラクタル構造のさまざまな例を、自然界に見出すことができる。雪の結晶もしかり、樹木の枝や葉脈、河川の分流、そして山並みや海岸線まで、スケールを問わず存在する。人体もフラクタル構造の宝庫である。血管や神経も成長の過程で細かく枝分かれを繰り返し複雑化していく。

図9の写真は私が近所の店で見つけたロマネスコという植物である。突起が突起の中に

図8　部分と全体が自己相似になるフラクタル構造

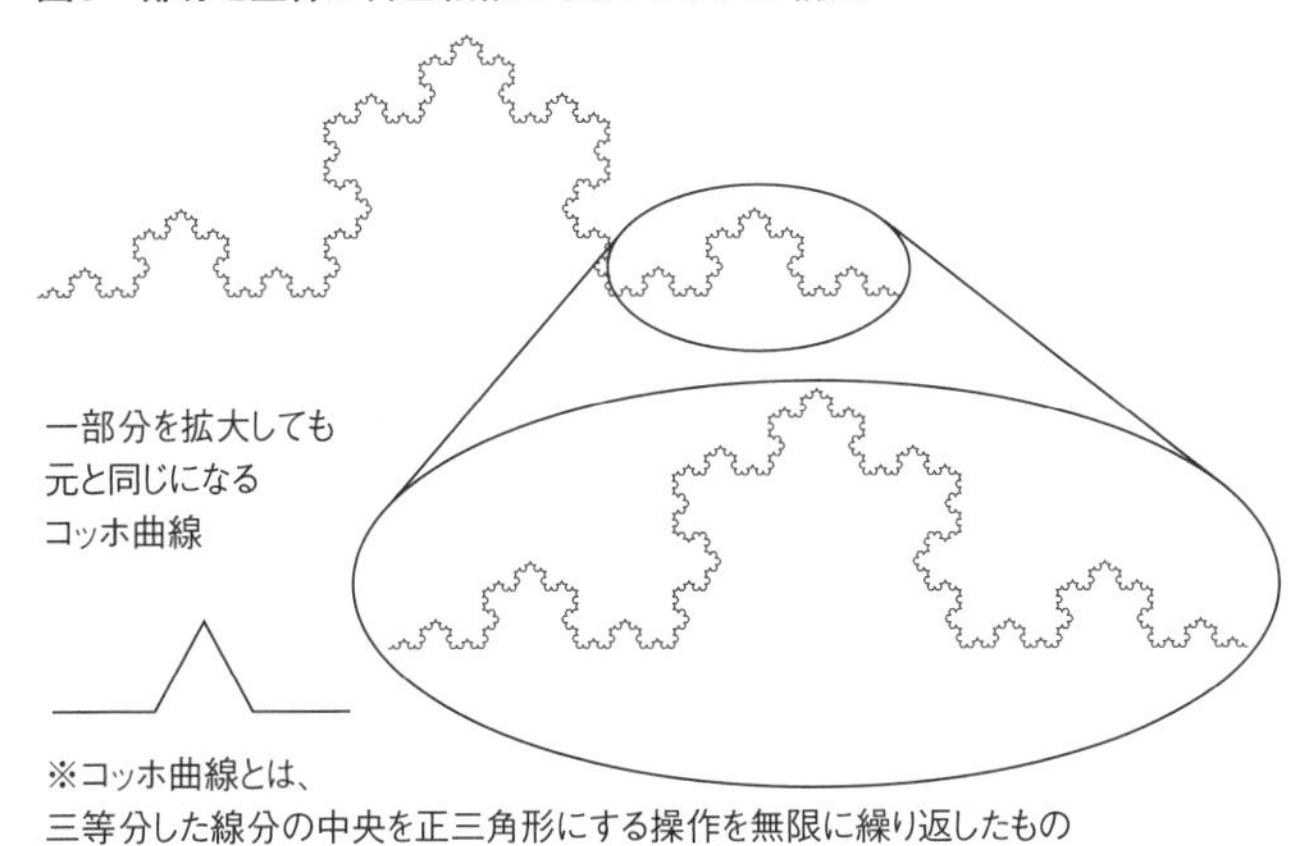

※コッホ曲線とは、
三等分した線分の中央を正三角形にする操作を無限に繰り返したもの

図9　フラクタル構造を持つ植物、ロマネスコ（筆者撮影）

埋め込まれた完璧なフラクタル構造を持つ。ちなみに食感は白のカリフラワーに近いコリコリとした感じだが、味は緑のブロッコリーに近いという（カリフラワーはブロッコリーの突然変異体）。これほど見事な形を目の当たりにして、私は食べる気がしなかった。

人間の言語に見られる再帰的な木構造も、そうした自然界にあふれるフラクタル構造の一種なのである。

言語は雪の結晶のようなもの

チョムスキーはよく「言語は雪の結晶のようなもの」というたとえで説明する。それは詩的な比喩ではなく、三つの重要な意味が込められていると言えよう。一つ目は、言語の構造が雪の結晶と同じように、完璧な自然法則に従うということである。二つ目は、言語の木構造が、雪の結晶構造などのようなフラクタル構造を持つということだ。三つ目は、どの言語の文も、雪の結晶と同様に無限のバリエーションを持つということである。

図10のような六角形をした雪の結晶は有名だが、すべて唯一無二の形であるということはあまり知られていない。水分子（H_2O）が互いに水素原子を介して結合（水素結合）する時、部分的な立体構造は不規則だが、全体として層状の六方格子を成すことがある

図10　言語は雪の結晶のようなもの

雪の結晶は無限のバリエーションを持つ　Granger/PPS

（"Why six?" by J. Nelson, *Snow Crystals*, vol. 17, 2011）。さらに、雪の結晶が成長する時の温度や圧力によって突起の伸び方が変わり、全体は六角形でありながらも複雑な形に変わっていく（"Branch growth and sidebranching in snow crystals" by J. Nelson, *Crystal Growth & Design*, vol. 5, pp.1509-1525, 2005）。結晶の形が無限のバリエーションを持つ一方で、その形成の過程がすべて自然法則に則っていることに変わりはない。

言語もまた、木構造の枝分かれが増え、末端にさまざまな言葉を当てはめることで、無限のバリエーションを持つ文が生み出されるが、その形成の過程はすべて自然法則に則っている。「言語は雪の結晶のようなもの」とは、生成文法の本質をひと言で表現しているのである。

再帰的な階層性

言語は、いくつかの要素から成るわけだが、その様子を詳しく見てみると、「素性→語・統辞範疇→文節・句→文・段落→文章」という段階を踏んでいる。このように複数の段階が積み重なる性質もまた「階層性」であり、そのように階層を成す構造を「階層構造 hierarchical structure」という。

音楽にも、言語とよく似た階層構造が認められる。例えば、かの有名なベートーヴェンの交響曲第五番の第一楽章冒頭部では、「ダダダダーン」という同じ「動機（モチーフ）」を何度も再帰的に繰り返し使いながら組み上げていくことで、再帰的な木構造が浮かび上がる。ほかの曲でも、「音符→動機・定型→楽節→楽段→楽章・楽曲」といった階層構造があるのが一般的だ。

そうした言語や音楽に見られる再帰的な階層性は、ほかの物事にまでさらに広げて考えることができる。道具を使える動物は人間のほかにもいるが、人間だけが「道具を作るための道具」（これを「メタ道具」という）を作ることができる。例えば、鉛筆という道具を作るためには、木や芯材を削って加工する道具をあらかじめ作っておく必要がある。つまり、異なる道具が再帰的に使われるわけだ。

そういえば、身近な「時間」にも「秒→分→時→日→週→月→年→元号・世紀」という階層があり、「場所」にも「建物→番地・号→字→町村・区→特別区・市→郡→都道府県→国」といった構造がある。このようにまわりの物事を再帰的に埋め込んで、階層的に俯瞰する視点は、人間ならではの自然な発想なのだろう。

それから、絵を描くにも再帰的な能力が必要である。例えば、喫煙パイプを写生したとしよう。それはパイプという実体をキャンバス上に再現したという意味で、すでに再帰的な能力の産物なのだ。ルネ・マグリットの作品（図11）では、精巧に描かれたパイプの画の下に、フランス語で「これはパイプではない」と記されている。その作意は何だろうか。

ミシェル・フーコー著〔豊崎光一・清水正訳〕『これはパイプではない』（哲学書房、一九八六年）では、次のような解釈が示されている（pp.34-42）。

（1）この画は「パイプ」という語ではない。
（2）「これ」という一語はパイプという物体ではない。
（3）この構成全体は言語的かつ視覚的な「パイプ」ではない。

ほかにもある。「この《これはパイプではない》という文はパイプではない」等々。そこには再帰的な引用（「この画」や「この構成」など）や階層性（画と構成、語と文など）が自在に現れている。そうした可能性を問うことがマグリットの意図だったのかもしれない。

このように、音楽や絵画などの芸術・文化から社会組織に至るまで、再帰性と階層性を

図11　「これはパイプではない」

ルネ・マグリット「イメージの裏切り」
1929／油彩／60.33×81.12cm／ロサンゼルス・カウンティ美術館
Alamy／PPS

持った構造を見つけることができる。そのような観点から人間の営みを捉えるならば、人間の知性の核心を解明できるかもしれない。言語の研究を通してチョムスキーが「人間の本性」を把握できるような科学を目指したのは、そのような深い洞察があったためではないだろうか。

以上見てきたように、再帰性と階層性を明らかにすることで、言語機能を説明できるという手応えが得られた。その意味でチョムスキー言語学は、人間の本性を「自然現象」として探るサイエンスなのである。

第二章　『統辞構造論』を読む

三つの論文を凝縮した『統辞構造論』

前章では、言語学の歴史の一部を振り返った上で、それまでの言語学と比較しながら、チョムスキー言語学の革新性を明らかにした。その理論は、現象論にすぎない「蝶々あつめ」のような言語学とは根本的に異なっていて、「自然科学」の考え方だった。

また、行動主義心理学のような学習説では「プラトンの問題」を説明できず、人間の脳には生得的に文法が組み込まれているとしか考えられないという点も重要だった。その「普遍文法」の基本となるのが、再帰性と階層性を持つ「木構造」にほかならない。

本章では、チョムスキーの代表的著作である『統辞構造論』の内容を順に追いながら、いよいよその理論の神髄にせまっていく。

まず、書名にある「統辞」とは、複数の形態素（語形の最小単位）や、語・句・節を結びつけて文を構成する時の文法規則のことである。また、そのような文法システムそのものを指す場合は「統辞法」、統辞法に関する研究（分野）を指す場合は「統辞論」と言う。「統語」という訳語もあるが、単語だけを対象にするわけではないので、「統辞」のほうがより適切である。

初めに少し補足しておくと、チョムスキーが『統辞構造論』に先だって、生成文法理論の基礎を示した初期の代表作は三つある。最初は、ゼリグ・ハリスの影響下で二二歳の時に書いた修士論文、『現代ヘブライ語の形態音素論』（一九五一年）である。その後、博士論文をその一部に含む『言語理論の論理構造』（一九五五年）を書き、『言語記述のための三つのモデル』（一九五六年）を公表した。最初の二つの論文は長らく出版されなかった。

これら三つの論考をまとめて、マサチューセッツ工科大学（ＭＩＴ）での講義用に書かれたのが、一九五七年に発表された『統辞構造論』である。その後の理論の発展によって自ら修正した部分もあるが、ここで述べられている理論の基盤は現在でも揺らがない。チョムスキー理論の原点はこの本であり、革新的な考え方のエッセンスがすべて詰まっている。

チョムスキーの『統辞構造論』が数十年前に出版されたからといって決して古い本だなどということはない。ダーウィンが『種の起源』を出版したのは一八五九年だったが、種を決める遺伝情報（ＤＮＡ）が明らかになるまでには、百年近くの歳月を要した。また、環境への適応を重視した当初の進化論を修正して、適応の上で有利でも不利でもない「中立な変化」が進化をもたらすことを明らかにした木村資生（もとお）（一九二四〜一九九四）の「中立説」は、一九六八年のことである。チョムスキー理論の確立や修正にあと数十年かかっても不思議はないのである。

言語研究の「革命」開始を告げる記念碑的著作

『統辞構造論』（岩波文庫版）のカバーには、〈生成文法による言語研究の「革命」開始を告げる記念碑的著作〉とある。人間の言語を初めて「自然現象」として捉え、自然科学の対象としたこの著作は、新たな科学分野誕生の書であり、まさに「革命」と呼ぶにふさわしい。

ただ、その内容は高度なもので難解な概念も多く、一般読者にはハードルが高いかもしれない。しかし、今もなお繰り返されるチョムスキーへの反論に対する答えのほとんどは、すでにこの中にある。支持するにせよ、反対するにせよ、まずは『統辞構造論』を読まない限り、正しい議論はできないのだ。本書ではチョムスキーの言語学に初めて触れる読者にも理解できるよう、できる限り平易な解説を試みたい。

個別の章の説明に入る前に、全体の構成を概観しておこう。まず〈第1章〉の「序文」から〈第3章〉までは、言語がいかなる性質を持っているのか、そして、それを研究するには新しい言語理論が必要であることが明らかにされる。そして〈第4章〉以降では、チョムスキーの言語理論が具体的に説明されている。

「装置」と見なせるような文法

では、〈第1章〉「序文」から見ていこう。冒頭は次のように始まる。

〈統辞論（syntax）は、個別の言語において文が構築される諸原理とプロセスの研究である。ある言語の統辞的研究は、分析の対象となっているその言語の文を産み出すある種の装置と見なせるような文法を構築することを目標としている。より一般的に言うと、言語学者は、文を産み出すことに成功した文法の根底にある根源的諸特性を決定するという問題に取り組まなければならない（p.10）〉

まず、「統辞論」とは「文が構築される諸原理とプロセスの研究」だと明快に述べられている。つまり個別言語の文が、どのような原理に従って作られるのか、そしてどのような過程で作られていくのか、という探究である。その一方で、語彙の由来や意味が与えられる過程は、そもそも統辞論の研究対象ではない。

次に注目すべきは、チョムスキーが「装置 device」という言葉を使っていることだ。これは、自動的に働く抽象的な「文法」を意味するが、装置の実体としては「脳」のことである。つまり文法とは人為的に作られたものではなく、脳が生み出すものだと考える。そのため文法は自然科学で研究するものとし、そうした文法の基礎的な性質、すなわち「根源的諸特性」を解明しなくてはならない、と力強く宣言しているのだ。

このように冒頭の一節では、「装置」という問題の立て方自体が、すでに従来の言語学とは根本的に異なる。学校で習う文法は、その装置の結果として現れたものを元にして、人為的な理由を後付けしたものにすぎない。それに対して、文そのものを生み出す装置のことを、「生成文法」と呼ぶのである。

ここでチョムスキーは、さらに「言語理論の妥当性」について述べている。前章でも触れたが、ある言語理論が妥当であるかどうかを決める上で重要なのは、〈単純で啓発的な(simple and revealing) 文法を自然言語に対して構築できるかどうか (p.11)〉だ。個々の言語ごとの細則を個別に記述するような複雑な文法は、チョムスキーの目指す「妥当な言語理論」とはかけ離れたものなのである。

チョムスキーは、序文の最後をこう締めくくっている。

〈言語の構造に関するこういった純粋に形式的な研究が、意味の研究に対してもある種の興味深い含意を持つことを示唆したい（p.11）〉

前章で説明したとおり、生成文法は文の「意味」とは独立して存在する。全く意味の通らない文でも、文法的には正しいことがありうるからだ。生成文法理論が意味論と全く無縁というわけではないが、意味はデリケートな問題を含むため、『統辞構造論』の〈第9章〉で改めて触れられている。

言語の本質は創造

続いて、〈第2章〉「文法の独立性」について解説しよう。すでに説明したように（56ページ）、文法判断は意味から独立している。文法の性質がここでさらに明らかとなる。また、『統辞構造論』で最初に「生成」という言葉が登場するのがこの章である。

〈言語Lの文法とは、Lの全ての文法的列を生成し、非文法的列を一つも生成することが

ない装置ということになる（p.12）〉

チョムスキーが「L」と記したら、「ある言語L（language の頭文字）」を意味し、それは英語でも何語でもよい。「文法的列」は文法に従った「正文」のことを、非文法的列は文法に従わない「非文（ひぶん）」を意味する。「文法的列」と「非文法的列」の例として、前に示した意味をなさない文を再掲しよう。この両者を峻別できる装置こそが、まさに英語の文法なのである。

（1）Colorless green ideas sleep furiously
（色のない緑の観念が猛然と眠る）
（2）＊Furiously sleep ideas green colorless
（p.15）

ちなみに（2）の頭につけた「＊」は、言語学で「非文」を表す記号だ。
次の文はこの後の〈第3章〉からの引用だが、言語能力を明快に規定している。

〈英語話者が新たな発話を産み出したり理解したり出来る一方、他の新たな列を英語には属さないものとして退けることが出来るという能力（p.29）〉

この「新たな発話」と「新たな列」が肝心である。新たな発話、つまり全く見たことも聞いたこともないような前掲の二つの例であっても、（2）のほうだけを「英語には属さないものとして退けることが出来る」。要するに、どんなに新たな列を作ろうとも、「何でもあり」というのではない。この能力が自然言語を定めるのだ。

ここでいう「英語話者」は必ずしも英語のネイティブ・スピーカーに限られない。実際、いくらか英語に接したことがあれば、（2）は「英語としてはおかしい」と感覚的に分かるだろう。

その証拠に音読してみると、（1）は英語の自然な抑揚をつけて読めるが、（2）は単語のリストのように、それぞれ語尾を下げた抑揚（線形順序の特徴）でしか読めないはずだ。つまり、特に意識しなくとも、（1）が文法的列（正文）で、（2）が非文法的列（非文）であることが容易に判断できる。文法理論は、そうした能力を説明できなくてはならない。

読者の中には、（1）が正文で（2）が非文だと判断できるのは「英文法を学習したからではないか」という疑問を持つ人がいるかもしれない。確かに、英語に触れた経験がない人には判断できないだろう。しかし英語を母語とする子どもは、学校などで英文法を学習しなくても正しい文法的判断ができるから、文法の学習は関係ない。さらに、意味が通らないような「新たな発話」であっても、正文と非文を区別できるという事実から、その実例を学習（経験）したから判断できるという可能性はなくなる。

それでも、「単語には意味があるのだから、それでも単語の学習は必要ではないか」という疑問が生じるかもしれない。しかし、言葉の意味を完全になくしてしまっても、冠詞・助詞や、動詞の活用変化といった文法要素があれば（これを「ジャバウォッキー文」といい、２１５ページで説明する）、確実に文法判断ができる。人間には、そうした高度な文法を扱う能力がもともと備わっているのである。

したがって、「言語の本質は言葉の模倣にある」という見方は適切でない。個々の言葉は確かに模倣して覚える必要があるが、言語の本質は「新たな発話を産み出す」という「創造」にこそあるのだ。

現在の人工知能の限界

前にも述べたように、現在の人工知能は言語の処理を「統計」や「確率」に基づいて行っている。膨大な発話と文章のデータ（コーパス）の中に高い頻度で現れる（つまり人間がよく使う）文は、文法的である確率が高く、頻度が低く滅多に使われない文は文法的である確率が低い、と判断するわけだ。そうすれば、文法規則を人工知能に実装しておく必要がなくなる。

将棋の名人に勝った人工知能「ポナンザ」は、将棋の禁じ手の一つである「二歩」（すでに自分の「歩」が置かれた縦の筋に、もう一つ「歩」を打つこと）をあらかじめ教えておかなくても、「二歩」を指すことはないという。うっかり「二歩」を指すと、すぐ反則負けになるという厳しいルールなのだが、そのことを教えなくてよいのは面白い。プロ棋士の膨大な棋譜データの中では「二歩」の確率がゼロに近く、しかも二歩を指すと負けなので、人工知能はその理由を知らずとも回避するのだろう。

しかし言語では全く状況が異なる。頻度や確率を根拠にする人工知能は、先ほどの（1）も（2）もコーパスの中に現れる頻度は等しくゼロだから、両者を文法判断で区別できない。しかも、「重さのない二〇キログラムの哲学が柔らかに起きる」というように、コーパスにない正文はいくらでも作れるのだ。

それにもかかわらず英語話者が（1）を正文と判断し、（2）を非文と判断できることから、その文法判断が統計・確率や頻度だけでなく、「学習」からも独立していると考えられる。なぜなら、学習したものを記憶して模倣するだけなら、（1）と（2）のように「新たな発話」に対しては、どちらも等しく「学習した経験のある英語文でない」と見なすほかはないからだ。なお、ここでいう「学習」とは、親や教師から受ける学習や、人工知能の「機械学習」（典型的には、データに合うように内部変数を変えていく過程）の両方を広く含めて考える。

以上のことをまとめると、文法判断は「意味」「学習・経験」「統計・確率や頻度」の三つから完全に独立していることが分かった。これこそが〈第2章〉のタイトル「文法の独立性」の意味するところであり、非常に明快で「啓発的な」結論である。

初歩的な言語理論

続く〈第3章〉のタイトルは「初歩的な言語理論」である。この「初歩的な elementary」という語には注意が必要だ。チョムスキーは、ここで自説を初歩から説明しようというのではない。この章で取り上げる言語理論は、あまりに初歩的すぎて実際の言語を説明するほどではない、という意味だ。シャーロック・ホームズがワトソンに「初歩だよ! Elementary!」と諭す時のニュアンスに近い。

チョムスキーが言語学に取り組み始めた一九四〇年代~五〇年代は、計算機科学の勃興期でもあった。人工知能の研究も、源流はそこにある。

アラン・チューリング(一九一二~一九五四)が、仮想的な万能計算機(いわゆるチューリングマシン)を提案したのは、一九三六年のことだ。ほかにも、中央処理装置(CPU)と記憶装置を持つコンピュータを発案したジョン・フォン・ノイマン(一九〇三~一九五七)や、「情報理論の父」とも呼ばれるクロード・シャノン(一九一六~二〇〇一)らが中心となって、今日の情報処理技術の基礎が作られた。

ノイマンは、言語間で異なる規則を持つような文法は数学の対象にならないと述べたそうだ。この表面的な偏見は、数学者を言語研究から遠ざけることにもなっている。それはなんとも罪作りな話だ。〈言語が数学的精密さを持っているということ[中略]、それを実際に示してみせたのはチョムスキーが初めてだ(訳者解説 p.357)〉ということを、忘れてはならない。

そうした当時の情報理論を鋭く批判したのが、この〈第3章〉にほかならない。ちなみにチョムスキーは、一九五五年にＭＩＴへ赴任したが、シャノンはその翌々年（『統辞構造論』の出版と同年）にベル研究所からＭＩＴへと移ってきた。二人は同僚だったわけだが、シャノンの著書を引用しながらも、〈コミュニケーション理論に基づくお馴染みの言語理論（p.22）〉あるいは〈第３章〉のタイトルのように「初歩的な言語理論」と一蹴していっしゅうているあたりは、権威に一切くみしないチョムスキーらしい。

構造主義言語学と縁を切る形で自らの理論を構築したチョムスキーだったが、真の論敵は当時普及し始めた情報理論だったのだ。実際のところ、『統辞構造論』の中で構造主義をはじめとする言語学に言及した部分はさほど多くない。「敵は本能寺（ＭＩＴ）にあり」という当時の状況が想像される。

動物の鳴き声を研究しても人間の言語の解明は「不可能」

この「初歩的な言語理論」では、英語の文を生成することが〈単に困難なのではなく不可能なのである（p.25）〉とチョムスキーは断言している。つまりそれは、技術的な問題ではなく、原理的に不可能なのだ。

なぜ「初歩的な言語理論」では不可能なのかを理解するため、シャノンらの情報理論にある「有限状態オートマトン」と「マルコフ過程」という用語から説明を始めよう。どちらも、見かけほど難解ではない。「オートマトン」は、もともと機械仕掛けの自動人形（オートマタ）を意味する言葉だった。工学の分野では、自動販売機や電卓のように、外からの入力に対して自動的に反応するが、それ以外では勝手に作動することのない機械や装置のことをいう。

自動販売機を例に説明しよう。機械の中に例えばペットボトルを一〇〇本入れておけるとして、お金を入れると一本ずつ外へ出てくる。つまり、自動販売機の中の状態は一〇〇本からゼロ本までのいずれかとなる。このようにある時点では、有限な個数の内部状態（すなわち有限状態）の中から、一つだけが定まる。そのような機械が「有限状態オートマトン」だ。

ただし途中でペットボトルや電力を補給すれば、いつまでも自動販売機を使い続けられる。例えばペットボトルが残り五本まで減ったら一〇〇本まで補充するようなループを作って繰り返せばよいのだ。それでも内部状態（一〇〇本からゼロ本まで）の個数は変わらないから、たとえ無限ループがあっても、有限状態オートマトンであることに変わりはない。

このような有限状態オートマトンを数学的に理論化したものが「有限状態マルコフ過程」（以下では単に「マルコフ過程」と呼ぶ）である。これはアンドレイ・マルコフというロシアの数学者による確率過程の研究から名付けられたもので、ある時点の内部状態と入力だけで、その次の状態と出力が決まる。その時点より前の状態からは一切影響を受けない。先ほどの自動販売機の例では、それまでの売れ行きなどにかかわらず、お金を入れれば必ず一本出る（内部状態は一本減る）から、マルコフ過程だ。なお、内部状態が確率的に変化する（例えばまれにボーナスで二本出てくる）場合でも、マルコフ過程ではそれぞれの状態を確率に基づいて予測できる。

ここで、有限状態オートマトンが従う規則のことを「有限状態文法」または「正規文法」と呼び、その規則に基づく言語のことを「有限状態言語（正規言語）」という。以上がチョムスキーの言う「初歩的な言語理論」の大枠である。

動物のコミュニケーションは、すべてこの有限状態言語の範囲にとどまる。ミンミンゼミの鳴き声を例に考えてみよう。「ミーンミンミンミンミ——ン」の最初に来る「ミーン」は、最後に来る「ミ——ン」よりも短い。**図12**のように、この開始状態を「ミーン」として、続く「ミン」をそれ自身に戻ってくる閉ループ（自身に戻ることで閉じたル

図12　ミンミンゼミの鳴き声は有限状態言語

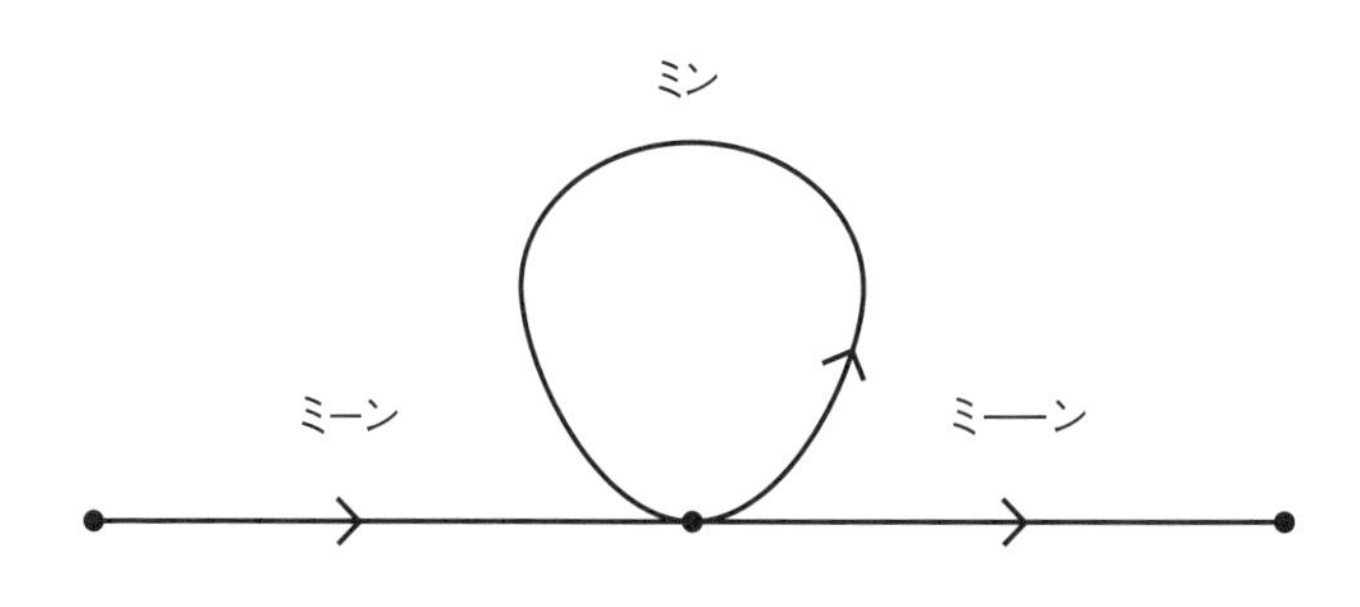

ープ）で繰り返し、最終状態を「ミーーン」とすれば、マルコフ過程として表せるわけだ。また、閉ループの繰り返し回数に制限はないから、セミの体力が続く限り「ミン」をいくらでも（無限に）続けることもできる。

私は真夏に肺炎で入院した時、暇に飽かせてセミが鳴く回数を数えたことがある。途中の「ミン」は一回で止むこともあるが、元気が良いと一〇回以上も続くことがあった。もし「ミン」の回数とアルファベットが、例えば「一回＝A、二回＝B、……、二六回＝Z」のように対応しているなら、セミの鳴き声が暗号化されたメッセージになっている可能性がある！

しかしそれは熱に浮かされた妄想にすぎなかった。なぜなら、何回鳴くかはセミのその時の状態

（あるいは気分？）だけで決まるから、ミンミンゼミの鳴き声は、有限状態オートマトンにすぎなかったのだ。

ムクドリやジュウシマツなどの鳥が、有限状態文法よりさらに強力な文法に基づく鳴き声のパターンを習得できるという報告が繰り返しなされているが、それは誤りだ。なぜなら、そうした実験で観察される「パターン」は有限なので、すべて有限状態オートマトンで表せるからである。「鳥の歌には文法がある」といった言い方には、「文法」が自然言語の文法であるかのような誤った意味が含まれている。もし、鳥の歌の「文法」が有限状態文法を指すのなら、「ミンミンゼミの鳴き声にも文法がある」と言うのと同じであろう。

また、これまで類人猿などに言葉を教える試みが繰り返しなされてきたが、そもそも動物に人間の言語（またはその構造）を教えること自体、不自然なことだ。動物がそのような「文法」を使える能力を持つなら、人から教わらなくとも使っていなければおかしい。

動物の能力については、「賢いハンス」の故事が有名だ。蹄（ひづめ）で地面を叩いて計算結果を答えるという馬（その名前がハンス）が、実際には観客の空気を読んで叩くのを止めていただけだったように、動物が複雑なパターンを覚えたように見えても、実際には違う能力を使っていた可能性がある。

では、なぜそのような動物の「言葉」が人間の言語の理解には役立たないのだろう。それは、人間の言語が「有限状態言語」ではないからだ。チョムスキーは次のように書いている。

〈例えば、英語の文を百万語よりも短い長さに制限したときのように——英語を有限状態言語にすることはむろん可能である。しかしながら、そうした恣意的な制限は何の役にも立たない。問題は、有限状態文法では本質的に取り扱えないような文形成のプロセスが存在することである（p.29）〉

長さだけでは、人間の言語と動物の鳴き声を区別できないだろう。なぜなら先ほどのミンミンゼミの鳴き声のように、どちらも長さに制限はないからだ（これを「可能無限」という）。それでも動物の鳴き声と違って、人間の言語には「本質的に取り扱えないような文形成のプロセス」があるのだ。それは何か。

例えば「私は昨日りんごを」の次に来る述語として、「食べた」はよいが、「食べたい」や「食べよう」は許されない。その理由は、「昨日」という語が述語と呼応しなくてはならないからである。しかも**図2**（67ページ）で示したように、「昨日」と「食べた」の間には、原理的にいくらでも語句を挟むことができる。この文では、「昨日」をいったん格納しておいて（格納場所となる記憶装置を「スタック」と呼ぶ）、「食べた」が現れた時に参照する必要がある。このように可能無限の要素を挟んで呼応がある構造は、スタックを持たない有限状態オートマトンで扱えない。なぜなら、マルコフ過程ではある時点の状態から次の状態が決まるだけなので、有限の長さの呼応しか扱えないからだ。

つまり、有限状態オートマトンを搭載しただけの人工知能は、「私は昨日家で父と……りんごを食べよう」のように呼応に誤りを持つ文を非文と判断できないだろう。シャノンの情報理論は、人間の言語に関する限り無力だと言える。人工知能で今なお多用されている「単語の先読み」で言語を正しく扱えないことは、六〇年も昔から明らかだったのだ。

ここで『これは　のみの　ぴこ』の説明を思い出そう。「これ」が指すのは、遠く離れたところにある「ごえもん」や「あきらくん」などの被修飾語だった。しかも「きりなし歌」はまさに「可能無限」の典型であり、呼応する語句どうしの物理的距離はいくらでも延びていく。このような呼応が起こりうるということが人間の言語の特徴であり、有限状態文法で自然言語を扱えないという限界は明らかなのだ。

図13　文法のチョムスキー階層は外側ほど計算が強力

以上のように、動物の鳴き声が従うような有限状態文法と、人間の言語の文法とは全く別物である。すなわち、動物のコミュニケーションをいくら研究しても自然言語の理解には限界がある。有限状態文法で英語の文を生成することが「不可能」だと前に述べた理由は、これで理解していただけたことと思う。

文法のチョムスキー階層

ただしチョムスキーは、計算機で人間の言語のように複雑な構造を扱える可能性自体を否定したわけではなく、次の〈第4章〉から具体的な代替案を示している。

〈第4章〉の説明に入る前に、文法の「チョムスキー階層」を示した**図13**を見てほしい。この図は、外側にいくほど計算が強力であることを意味している。内側の文法では限られた計算しかできないが、その外側の文法を使えば余裕でこなすことができる。

先ほどのミンミンゼミのような動物の情報伝達に関わる有限状態オートマトンでは、「ミン」の数に意味がなく、回数を数える必要もないので、最低限の計算しか要さない。一方、可能無限の要素を挟んで呼応がある自然言語は、どの程度の計算能力があれば扱えるのか、つまり人間の言語はどのくらい複雑な構造を持っているかが、このチョムスキー階層を見れば把握できるのだ。

なお、チョムスキー階層の一番外側にある「チューリングマシン」は、どんな計算もできるような理想的な機械である。現実には存在しないが、仮想的に汎用かつ万能の計算機だと見なせばよい。実効的には、無限のメモリーを実装した（電力供給も無限の）最強のデジタルコンピュータに相当する。

人間の脳は、チューリングマシン並みの計算パワーを持つと考える人もいるが、脳には常にノイズや揺らぎがあるからそれは無理だろうし、自然言語にはチューリングマシンほどの強力な計算は必要ない。とはいえ、有限状態オートマトンの計算能力では明らかに不足である。したがって自然言語の文法は、この両極端の中間に位置することになる。このチョムスキー階層の図は、言語の位置づけを整理する際に便利なものだが、後で述べるように誤解を招きやすい点もあるので、注意して扱いたい。

句構造と構成素

続いて〈第4章〉の説明に入ろう。章のタイトルは、「句構造 phrase structure」である。この理論は、構造主義の言語学にあった「構成素分析」の大部分を組み込んだもので、「句構造文法」と呼ばれる。ただし、それをこれから述べる形で厳密に定式化したのは、チョムスキーが最初である。ここでいくつか重要な用語が出てきたので、それぞれを説明しておこう。

「句構造」の「句 phrase」とは、文中に現れる一定のまとまり（成分）である。名詞句や動詞句は中心となる名詞や動詞をそれぞれ含んでおり、その中心となる語は、一九七〇年代以降に「主辞 head」と呼ばれるようになった。「私は」や「りんごを」は名詞句の例で、それぞれ「私」と「りんご」という主辞を含む。「赤いりんごを」のように「赤い」という形容詞句がついても全体は名詞句であり、「りんご」がその主辞であることに変わりはない。

同様に、「食べた」は動詞句の例だが、「りんごを食べた」のように、「りんごを」という名詞句を目的語として含んでも全体は動詞句であり、「食べた」がその主辞であることに変わりはない。「句構造」とは、動詞句が名詞句を含むといったように複数の句が作る構造のことであり、すでに説明した「木構造」を使って表せる。

また、「構成素 constituents」とは〈単一の起点に遡る(p.35)〉語列であり、この単一の起点は木構造で枝分かれの生じる節(節点)に対応する。そうした節点につながる語列のまとまりは、一つの「句」と見なすことができ、どの構成素にもその句に対応した主辞が必ず含まれている。以上のことを、「私はりんごを食べた」という文と、その木構造で確かめてみよう(65ページ、**図1**)。

図1の木構造では、まず一番上の起点から、名詞句の「私は」と、動詞句の「りんごを食べた」に分かれる。次にその後者から、「りんごを」と「食べた」が分かれる。つまり、動詞句という単一の起点に遡る「りんごを食べた」は構成素だが、「私はりんごを」は単一の起点に遡ることができないため、構成素を成さない。

この構成素の区切りは、発話した時の自然な「間」に対応する。「私は、りんごを食べた」は自然だが、「私はりんごを、食べた」は不自然だ。このようにして構成素と句の構造を決めることを、「構成素分析」または「統辞解析 parsing」という。

構成素分析の前提となるような文法が「句構造文法」であり、その実体を明らかにすることが〈第4章〉の目的である。チョムスキーはその冒頭で、〈この新しい文法の形式は、先に退けた有限状態モデルよりも本質的に強力（p.33）〉だと述べている。

普遍文法はブラックボックスではない

形式的に文法を扱う時には、実際の語句や文だけでなく、一般の記号（例えば a と b や、数式など）もすべて検討の対象とする。そこで、複数の記号が並んだ一まとまりを「連鎖 strings」と呼び、一定の規則に基づいて並んでいれば、その連鎖を「文」と見なす。また、そのような文の集合を「言語」という。このように定義する背景には、計算機のプログラミング言語（人工言語）を含めて言語を広く捉え、統一的に分析するという目的があるからだ。

人工言語の連鎖では、必ずしも二股だけで木構造ができているとは限らないが、前述のように（71ページ）自然言語の句構造は二股だけで分岐することに注意したい。ただし、「りんご・いちご・バナナ……」などと列挙する場合（等位節）は、語を前から足しても後ろから足しても意味が同等な場合（前述した結合法則を満たす場合）に限り、例外的に（便宜上）三つ股以上で表すことを認める。

ここで、一九八〇年代からの言語学の発展を踏まえて、普遍文法と見なせる次の二つの原理をまとめておきたい。

（第1原理）木構造で枝分かれの生じる節点では、下に主辞が必ず含まれる。
（第2原理）木構造で枝分かれの生じる節点では、二股の分岐が必ず生じる。

これらは、自然言語の特徴として生得的に人間の脳にあり、乳幼児が周りのデータをもとに学習する必要はない。つまり普遍文法は、決して中身の不明なブラックボックスのようなものではなく、具体的に検討できる科学の「原理」なのである。

句構造などを生み出す書き換え規則

また『統辞構造論』に戻って、そこに挙げられている英語の文例と分析をたどりながら、文の句構造などがどのように生み出されるかを見ていこう。

図14　文の句構造はどのように生みだされるか

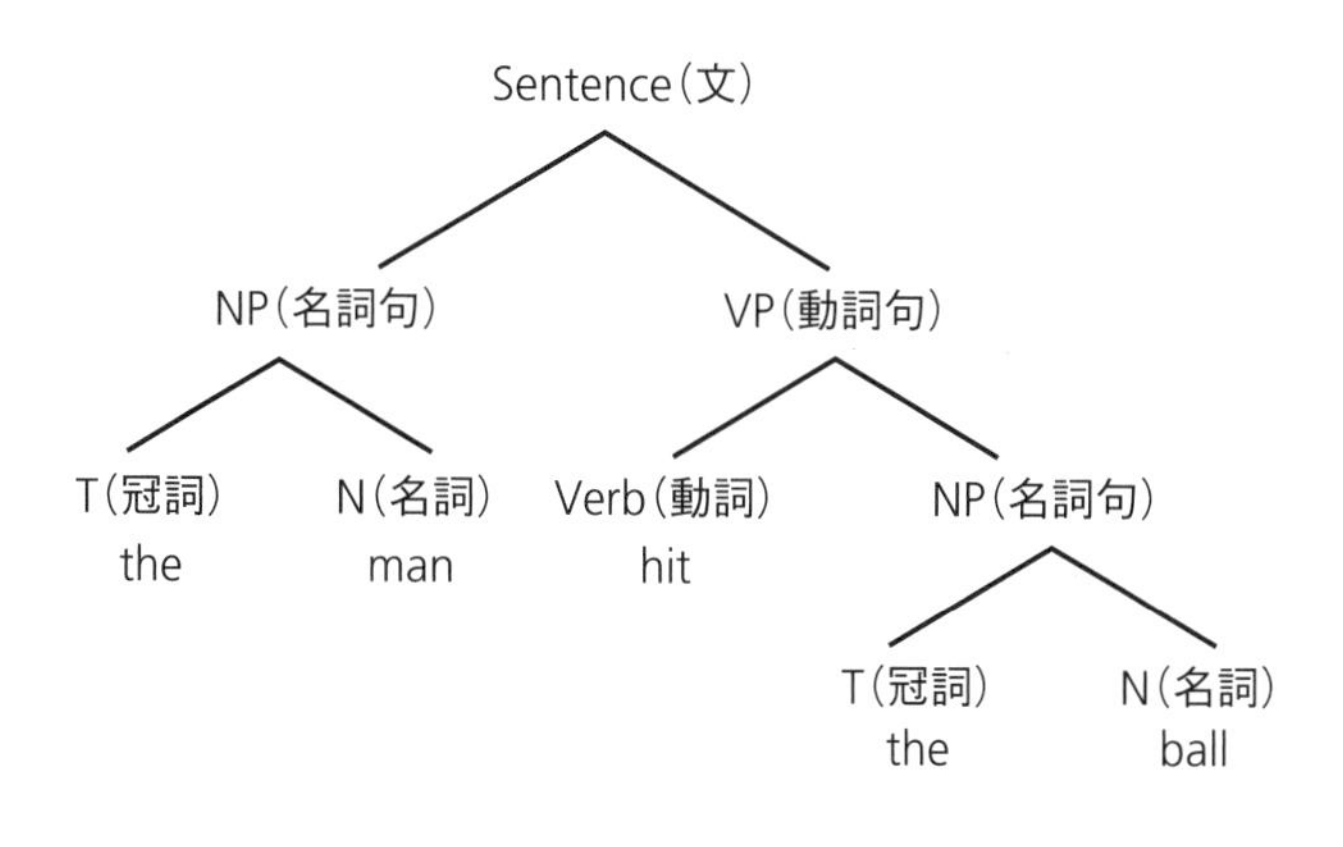

図14は、"the man hit the ball"（その男がボールを打った）という文の句構造を、木構造として示したものである。なお、動詞のhitは過去形であり、現在形ならhitsとなる。

記号を使ってもう一度説明すると、まずSentence（文）は、NP（名詞句）とVP（動詞句）に大きく分かれる。さらに、名詞句はT（冠詞）とN（名詞）に、動詞句はVerb（動詞）とNP（名詞句）に分かれる。さらにその最後の名詞句が、同様にT（冠詞）とN（名詞）に分かれる。このように分かれた最後は、それぞれの語彙となる。

これらの要素はすべて、「XをYに書き換えよ」（X→Y）という形式だけで表すことができる。つまり、次のような一連の書き換え規則（文法規則）によって、句構造が次々と生み出されるのだ。

（ⅰ）Sentence → NP + VP（文を名詞句と動詞句に書き換えよ）
（ⅱ）NP → T + N（名詞句を冠詞と名詞に書き換えよ）
（ⅲ）VP → Verb + NP（動詞句を動詞と名詞句に書き換えよ）

（p.33を基に作成）

こうした書き換え規則は「指令公式」と呼ばれ、それぞれ木構造の節点に対応する。これらの矢印の前には記号（NPやVPなど）が一つだけ来るが、矢印の後には記号が常に二つ来る。なぜなら、矢印は二股の分岐に対応するからである。

指令公式（ⅰ）〜（ⅲ）などを繰り返し使うことによって、最終的な連鎖が生み出される。この連鎖を実際の発話にするには、語形の最小単位である「形態素」を、音声の最小単位である「音素」に書き換えればよい。その書き換えのための理論が「形態音素論」だ。

形態音素論の指令公式も、先ほどと同様に「XをYに書き換えよ」（X → Y）という形式をとる。今度は木構造と関係ない書き換えなので、矢印の前後には記号が一つでも、複数あってもよい。英語の動詞の過去形で、音素への書き換えを見てみよう。形態素eat（食べる）の過去形はate（食べた）だが、これは英語の形態音素論によってeat + past（過去）

→/eit/と表される。日本語では、taberu＋past（過去）→/tabeta/となる。このようにして、音声を成す音素の連鎖もまた、書き換え規則によって生み出される。

文脈によって強力な計算ができる文法

ところで、NP（名詞句）が三人称であり、その文の時制が現在だとして、動詞がhitなのかhitsなのかを決める指令が必要となる。これはどのように考えればよいか。

チョムスキーは、そうした選択は「文脈」に依存して決めればよいと考えた。ここでいう「文脈」は文の意味的な脈絡ではなく、文法に加えられる制限のことである。例えば動詞に対して、「時制が過去だ」という制限を与えるのが文脈だ。なお、時制を正しく扱うためには、「変換分析」と呼ばれる新たな規則が必要となるので、後で改めて説明する。

実際に現在形のhitsとhitのように、主語が単数か複数かによって動詞が変化する場合を考えよう。hitsとhitの使い分けは、文脈に依存する書き換え規則によって、次のように表せる（p.37を基に作成）。

(.iv) NP_{sing} + Verb → NP_{sing} + hits（単数名詞句の直後という文脈でのみ、動詞をhits

に書き換えよ）

（v）NP_{pl} + Verb → NP_{pl} + hit（複数名詞句の直後という文脈で動詞を hit に書き換えよ）

ここで、NP_{sing}（単数名詞句）や NP_{pl}（複数名詞句）が「文脈」としての役割を果たし、どちらも矢印の前後で変化しないことに注意しよう。つまり、Z + X → Z + Y という書き換え規則（Zは文脈）を考えればよいのだ。

このZという文脈は、書き換えの対象となるXの左にあったが、Xの右にあってもよいし、左右両方にあってもよい。つまり、Z + X + W → Z + Y + W（ZとWは文脈）という書き換え規則は、「ZとWなる文脈があれば、XをYに書き換えよ」という指令を意味する。

ここで文脈それ自体は、書き換えられることがない。それはちょうど化学反応の「触媒」のように、その物質自体は変化せずに反応のなかだちをするようなものだ。ただし指令公式では、〈Xは必ずしも単一の記号である必要はないが、Yを作り出すにあたってはXの中の単一の記号のみが書き換えられる（p.37）〉という制約がある。それは、複数の記号を同時に書き換えると、派生（127ページで説明する）が復元できないからだ。

文脈に基づいた書き換えを許すことで細かい場合分けが可能となり、一層強力な計算ができる。このように、文脈に依存した規則を含むものを「文脈依存文法」という。

文脈依存文法と文脈自由文法

文脈依存文法とは対照的に、文脈を一切含まない規則を「文脈自由文法」という。先ほどの書き換え規則では、ZとWの両方が空で文脈がない場合だ。この「文脈自由（context free）」とは、文脈から解放されているという意味ではなく、「免税（tax free）」と同じで、文脈そのものがないという意味だ。

ここで、文法のチョムスキー階層を思い出してほしい（113ページ、**図13**）。AがBの要素をすべて包含することを、A∪Bという記号で表すと、「チューリングマシン ∪ 自然言語 ∪ 有限状態オートマトン」という階層だった。この階層は、「万能計算機 ∪ 人間の言語 ∪ 動物の情報伝達」と同等である。

この階層は外側に行くほど計算が強力である。**図15**に示した階層でも、一番外側の「Type 0」が最強の計算力を持ち、一番内側の「正規文法（Type 3）」は有限状態オートマトンと同じもので、最弱だ。このType（型）は、入れ子の深さを表す用語である。

チョムスキーは、これら両極端の間に「文脈依存文法（Type 1）」と「文脈自由文法

図15　チョムスキー階層の文法

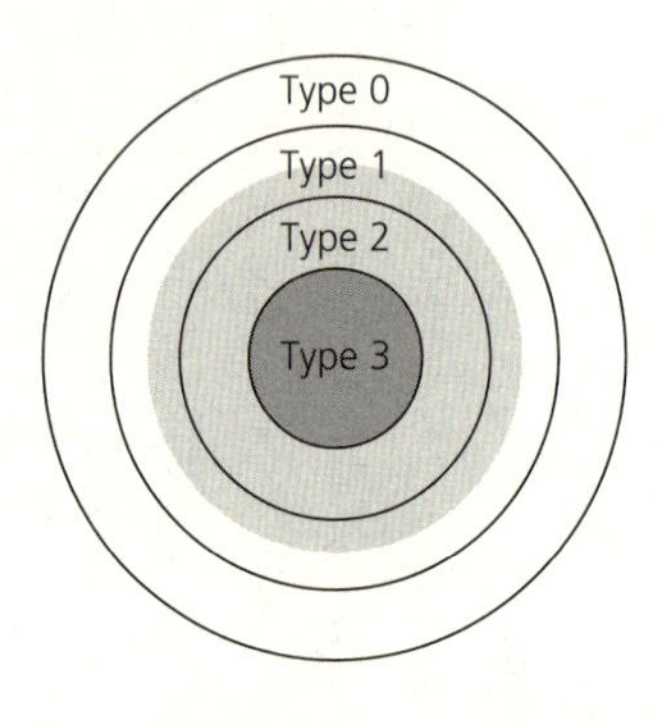

（Type 2）」という二つの階層を提案した。先ほど説明したように、文脈依存文法（Type 1）のほうが文脈自由文法（Type 2）より強力だ。

詳しい分析によれば、人間の言葉である自然言語は、Type 1とType 2の中間に位置づけられる（**図15**の薄いグレーより内側の部分）。先ほどの文例のように、少なくとも英語では「文脈」が必要だから、文脈のないType 2では弱すぎるが、Type 1をすべて含むほど強い必要もないのである。

なお、文脈に縛られない文脈自由文法のほうが、「自由」に文法が扱えて計算のパワーが強い（チューリングマシンに近い）ようなイメージがあるかもしれないが、それは間違いだ。文脈自由文法は、先ほどの書き換え規則で文脈ZとWの両方が空という特殊な文法であり、そのため構造がより単純で限定的な文しか生み出せない。逆に文脈があることで、より豊かな表現が可能となると考えればよい。

それから、動物の情報伝達である正規文法から徐々に進化して文脈自由文法が使える種（化石人類）が現れ、さらにより強力な文脈依存文法を扱える人間に至ったという説を唱える研究者がいるが（しかもそれらが脳領域として分かれているという主張まである）、それは明らかな誤りである。なぜなら、第一章で説明したように（60〜61ページ）、有限個の内部状態しか扱えない正規文法から中間の段階を徐々に経て、無限の状態を扱える文脈自由文法や文脈依存文法に到達するような進化はありえないからだ。また、文脈依存文法を含むような「句構造文法」であっても、これから示すように人間の言語を扱う上で明らかな限界があるので、人間の本性や脳機能を解明するための仮説としては弱すぎるのである。

初歩的なミンミンゼミの鳴き声

それでは、チョムスキー階層に出てきた文法について、形式言語の例で詳しく見てみよう。〈第3章〉では、aとbという二つのアルファベット記号だけから成る、最も単純な連鎖によって、「カウンター言語・鏡像言語・コピー言語」という三種の言語モデル（『統辞構造論』に言語の名称は書かれていない）が紹介されていた。ここではさらに初歩的な「基本言語」を最初に追加して、易しいほうから順に説明していく。

【基本言語】

ab, abab, ababab, abababab, …

このように基本言語の連鎖は、*ab*が延々と繰り返される「初歩的な」記号列である。言い換えると、*a*の次には必ず*b*が来て、*b*の次には必ず*a*が来るようになっている。例えば「*a*＝ミ、*b*＝ン」とすれば、このパターンは、ミンミンゼミの鳴き声「ミンミンミンミン……」となる。これは先ほど説明した「有限状態オートマトン」の例であり、チョムスキー階層の一番内側に位置する「正規文法」に従う。

この基本言語の文法は、次のように、たった二つの指令公式だけで表せる。

Z → *ab*;　Z → *ab*Z

この二つの規則だけで*ab*が繰り返されるすべての連鎖が生まれることを、実際に確かめてみよう。

まずZが始点である。第一の規則Z→*ab*より、最初に現れる連鎖として*ab*がZからすぐに得られる。そこから新しい連鎖は生じないので、この連鎖*ab*が終点だ。このように始点から終点に至る書き換えのことを、「派生 derivation」という。

次に、第二の規則Z→*abZ*で得られた右辺*abZ*のZに対して第一の規則を使うと、Z→*abZ*→*ab*(*ab*)となって、連鎖*abab*が終点として生成される。

また、第二の規則を二回使うと、Z→*abZ*→*ab*(*abZ*)となり、この最後のZに対して第一の規則を使うと、連鎖*ababab*が生成される。以下同様にして、*ab*, *abab*, *ababab*, *abababab*などのように、*ab*が繰り返される連鎖がすべて得られ、しかも基本言語以外の連鎖が生成されることはない。

ここで大切なポイントは、実際の連鎖に現れることのない、抽象的な記号「Z」が途中で使われていたということである。つまり、「Z」という記号こそが句構造に対応するということなのだ。チョムスキーは、〈これは、句構造に「抽象的」な性格を与えている本質的な事実なのである〈p.41)〉と述べている。
なお、ここで扱う形式言語の書き換え規則には、二股の分岐という制約はない。

カウンター言語

今度は、次のような連鎖からなる別の形式言語を見てみよう。

【カウンター言語】
ab, aabb, aaabbb, aaaabbbb, … (p.26)

例えば「a = チ、b = ハ」とすれば、*aabb* は「チチハハ」となる。それぞれの連鎖がどのような規則性を持っているか吟味してみると、aが続いた次には必ずbだけが続くことが分かるだろう。しかも一つの連鎖の真ん中で二分すると、前半にあるaの数と、後半にあるbの数が、いつも同じになっている。これを言い換えると、n個のaが続いた次には必ずn個のbが続くことを意味する。
この言語は、aとbの数をそれぞれ数えるために、「カウンター counter」という最低限の記憶装置（専用レジスタ）が必要である。そのため、このような文を集めた言語は「カウンター言語」と呼ばれる。なお、前に説明したセミの鳴き声（有限状態言語）では、たとえ可能無限のループだったとしても、セミの脳でその回数を数えているわけではないので、カウンターは存在しない。

それでは、このカウンター言語の文法を表す指令公式を考えてみていただきたい。先ほどの指令公式を元に、少し変形してみるとよい。私の講義でも、できるだけ受講生に考えてもらうことにしている。

正解は次のようになる。

Z → *ab*;　Z → *aZb*（p.40）

基本言語との違いは、Zを*ab*の間にサンドイッチの具のようにはさんでいることだ。これで、*a*と*b*の数をいつも一致させることができる。

基本言語と同様に、第一の書き換え規則より、最初の連鎖*ab*がZから得られる。次に、第二の規則で得られた右辺 *aZb* のZに対して第一の規則を使うと、連鎖 *aabb* が生成される。

さらに、第二の規則を二回使うことで$Z \rightarrow aZb \rightarrow a(aZb)b$となり、この最後のZに対して第一の規則を使うと、連鎖$aaabbb$が生成される。以下同様だ。

指令公式は先ほどの基本言語とあまり違わないように見えるが、カウンター言語では、aとbそれぞれの数を数える必要がある。カウンター言語の具体例として、開き括弧と閉じ括弧がある。これらはそれぞれいつも同じ回数だけ続かなければならない。

つまりこの言語には「カウンター」という記憶装置が必要となるため、チョムスキー階層の正規文法（有限状態オートマトン）の枠内には収まらない。前述したように、マルコフ過程では、「未来の状態は過去の状態に影響を受けない」という強い制約があった。しかしカウンター言語は、数を数えた分だけ遡って、過去の状態に影響を受けることになる。しかもその数はどんなに大きくてもよく、可能無限である。このように計算のパワーが上がったことで、カウンター言語は正規文法の枠を超えて人間の言語に一歩近づいたことになるのだ。ただし文脈はないので、カウンター言語は「文脈自由文法」によって生み出される。

鏡像言語

続いて、次のような連鎖からなる形式言語を同様に調べてみよう。

【鏡像言語】

aa, bb, abba, baab, aaaa, bbbb, aabbaa, abbbba, … (p.26)

例えば「a＝み」とすれば、*aa* は「みみ」となり、「a＝キ、b＝ツ」とすれば、*abba* は「キツツキ」となる。さらに文字の種類を増やせば、「やすいいすや」「ねいきおおきいね」「だんだんととんだんだ」「にわとりととりとわに」（講義中に学生が作ったもの）などのように、後ろから読んでも同じになる文（文字数はいつも偶数個）がすべて鏡像言語で作れるようになる。これらは「回文（パリンドローム）」の例だ。

それぞれの連鎖をカウンター言語と同じように真ん中で二分すると、前半と後半が鏡像関係になっている。つまり先頭から読んでも、末尾から読んでも、いつも同じ連鎖なのだ。そのため、「鏡像言語」と呼ばれる。これもカウンター言語と同じように、カウンターが必要だが文脈のない「文脈自由文法」で生み出される。

それでは、この鏡像言語の文法を表す指令公式を考えていただきたい。カウンター言語の規則を少しだけ複雑にする必要があるが、こんどは予測がしやすいだろう。

正解は次のようになる。

Z→*aa*; Z→*bb*; Z→*aZa*; Z→*bZb*

カウンター言語との違いは、まず最初の二つの書き換え規則より連鎖*aa*と*bb*がZから得られることと、Zを*aa*または*bb*の間にサンドイッチの具のようにはさんでいることだ。これで、*a*と*b*の順序をいつも反転させることができる。

例えば、第三の規則で得られた右辺*aZa*のZに対して第二の規則を使うと、連鎖*abba*が生成される。さらに、第四の規則で得られた右辺*bZb*のZに対して第一の規則を使うと、連鎖*baab*が生成される。以下同様だ。

もし、記号の種類を三つ以上使った言語を考えるなら、指令公式を次のように拡張すればよい。

$Z \to aa; \ Z \to bb; \ Z \to cc; \ Z \to aZa; \ Z \to bZb; \ Z \to cZc$

すると、連鎖 $abccba$ や $cbaabc$ などを含む鏡像言語ができるわけだ。

形式言語の具体化

ここまで紹介してきた形式言語を、日本語の文で具体化してみよう。a と b という記号による連鎖を応用して、「a = 名詞句、b = 動詞句」と置き換えて考える。

例えば、「太郎が言った」「次郎が知った」「三郎が思った」は、すべて ab で表される基本言語やカウンター言語の文である。

次に、「次郎が太郎が言ったと知った」というように、文の中に文が埋め込まれた「埋め込み文」は、$aabb$ で表される。また、さらに複雑な埋め込み文である「三郎が次郎が太郎が言ったと知ったと思った」も、単純に $aaabbb$ で表される。名詞句が三個あれば、動詞句も三個なければいけないから、これらはカウンター言語の例となっている。

さて、「太郎・次郎・三郎」に対してそれぞれ1・2・3という番号をつけ、記号では $a1, a2, a3$ として、数字のインデックスにより区別してみよう。一方、「言った・知った・

図16　日本語による鏡像言語の例

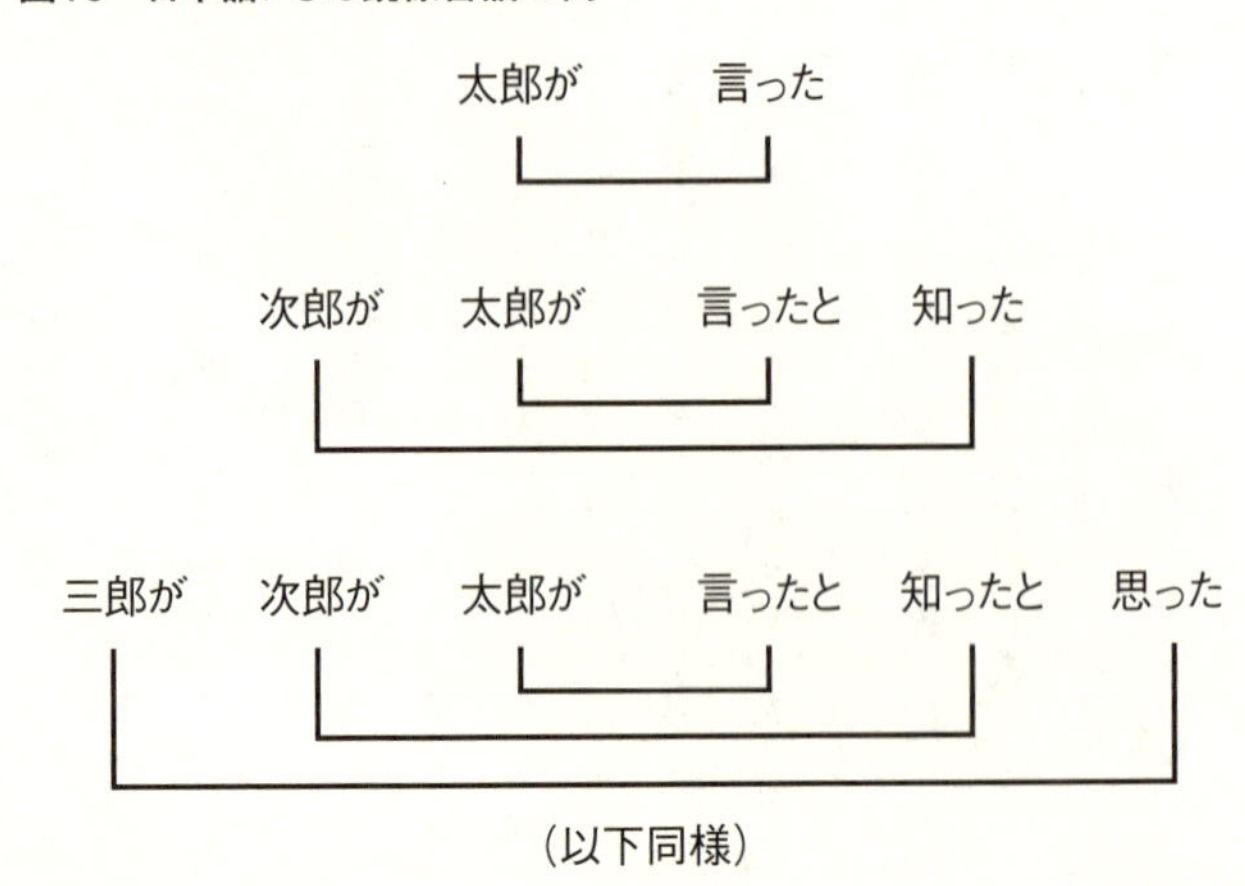

思った」にも、呼応する主語と述語のペアに同じ番号をつけて、それぞれ b_1, b_2, b_3 としよう。そうすると、「次郎が太郎が言ったと知った」は $a_2\ a_1\ b_1\ b_2$ で、「三郎が次郎が太郎が言ったと知ったと思った」は $a_3\ a_2\ a_1\ b_1\ b_2\ b_3$ で表される。

ここで数字のインデックスだけを取り出して、1・2・3をそれぞれ a・b・c に置き換えると、「次郎が太郎が言ったと知った」は $baab$ で、「三郎が次郎が太郎が言ったと知ったと思った」は $cbaabc$ で表されるから、これらの文は確かに鏡像言語の例にもなっている（**図16**）。

このようにカウンター言語や鏡像言語は、人間の言語を単純化したモデルであって、自然言語の少なくとも一部の構造は、こうした単純な文法で的確に説明できるのだ。

チンパンジーが覚えた手話単語（サイン）で「バナナちょうだい、バナナちょうだい」などと示したとしても、それらは基本言語にすぎず、ミンミンゼミの鳴き声と何ら変わらない。カウンター言語や鏡像言語といった特徴を持つ人間の言語は、類人猿の「言葉」とは本質的に異なるのである。

句構造文法の限界を示す「コピー言語」

さて、チョムスキーが紹介した言語モデルがもう一つ残っていた。これから説明する形式言語は、先ほど説明した「文脈依存文法」で生み出される。

【コピー言語】

aa, bb, abab, baba, aaaa, bbbb, aabaab, abbabb, … (p.26)

例えば「a＝ハ、b＝タ」とすれば、*abab* は「ハタハタ」となる。一見したところ、鏡像言語と比べてそれほど複雑になったような印象は受けないだろう。一つの連鎖の真ん中で二分すると、前半と後半がいつも同じ連鎖なのだ。この言語は、前半をコピーして後半にペーストすると得られるので、「コピー言語」と呼ばれる。

しかし、この連鎖を生成する指令公式は、先ほどのように単純には作れない。カウンター言語や鏡像言語が文脈自由文法（前述の「Type 2」）で生み出されるのに対して、このコピー言語にはさらに強力な文脈依存文法（前述の「Type 1」）が必要であるため、それを指令公式で表すのは非常に難しくなる。

ここで「Z → ZZ」という簡単な指令公式ではなぜいけないかというと、次のような理由からだ。Z → *aa*; Z → *bb* という規則を加えると、確かに *aaaa* や *bbbb* は得られるが、Z → *aabb* というコピー言語でない連鎖も生じてしまうし、そもそも *abab* や *baba* が得られない。

確かに難しいのではあるが、コピー言語の指令公式を書くことはできる。チョムスキーは、文脈依存文法の定式化を一九五九年の論文（"On certain formal properties of grammars" by Noam Chomsky, *Information and Control*, vol. 2, pp.137-167, 1959）で導いてみせた。自力で見つけるのが困難なほどのこの複雑な指令公式（末尾に *ccc* を加えた $a^nb^ma^nb^m$ *ccc* を導くもの）は、二〇行ほどに及ぶ（怖いもの見たさに**図17**として載せておこう）。

図17　コピー言語の指令公式の一例

$$
\begin{array}{lll}
\text{(I)} & \text{(a)} & S \rightarrow CDS_1S_2F \\
 & \text{(b)} & S_2 \rightarrow S_2S_2 \\
 & \text{(c)} & \left\{\begin{array}{l} S_2F \rightarrow BF \\ S_2B \rightarrow BB \end{array}\right\} \\
 & \text{(d)} & S_1 \rightarrow S_1S_1 \\
 & \text{(e)} & \left\{\begin{array}{l} S_1B \rightarrow AB \\ S_1A \rightarrow AA \end{array}\right\} \\
\text{(II)} & \text{(a)} & \left\{\begin{array}{l} CDA \rightarrow CE\bar{A}A \\ CDB \rightarrow CE\bar{B}B \end{array}\right\} \\
 & \text{(b)} & \left\{\begin{array}{l} CE\bar{A} \rightarrow \bar{A}CE \\ CE\bar{B} \rightarrow \bar{B}CE \end{array}\right\} \\
 & \text{(c)} & E\alpha\beta \rightarrow \beta E\alpha \\
 & \text{(d)} & E\alpha\# \rightarrow D\alpha\# \\
 & \text{(e)} & \alpha D \rightarrow D\alpha \\
\text{(III)} & & CDF\alpha \rightarrow \alpha CDF \\
\text{(IV)} & \text{(a)} & \left\{\begin{array}{l} A,\ \bar{A} \rightarrow a \\ B,\ \bar{B} \rightarrow b \end{array}\right\} \\
 & \text{(b)} & \left\{\begin{array}{l} CDF\# \rightarrow CDc\# \\ CDc \rightarrow Ccc \\ Cc \rightarrow cc \end{array}\right\}
\end{array}
$$

where α, β range over $\{A, B, F\}$.

チョムスキー自身、この「挑戦」の成果に満足して発表したわけではない。むしろ風刺の意味を込めて、「こんなに複雑になる規則を追求するのは明らかに間違っている。句構造だけで文法を記述するには、明白な限界がある」と言いたかったのではないか。実際、その少し後の論文で、「英語に対して文脈依存文法を作ろうとするなら、この全く受け入れがたい結果を避けるような自然な方法はないだろう」と述べている（"Formal properties of grammars" by N. Chomsky, *Handbook of Mathematical Psychology*, vol. 2, p.365, 1963）。

繰り返し述べてきたように、チョムスキーは言語学に、「単純で啓発的」であることを条件として課している。コピー言語の指令公式は単純でも啓発的でもなく、〈不恰好な形でしか適用できない（p.47）〉もので、しかも〈絶望的なまでに複雑になってしまい、その結果、全く興味を引かないものになってしまう（p.62）〉のだ。

このあたりが、科学者チョムスキーの真骨頂でもある。徹底的に理論を突き詰めてゆき、それが通用しないと分かればあっさりと別の道を探す。私もチョムスキー理論と出会ってから、猿での脳研究をきっぱりとやめたが、特に未練はなかった。猿では言語研究ができないからである。

言語構造に関する第三のモデル

チョムスキー階層は、さまざまな文法の階層性の中に自然言語を位置づけたという意味で、今なおその価値を失っていない。ただし、文脈依存文法に制限を与えて自然言語をより厳密に定義しようとする試みは、残念ながら実りある方向ではなかった。当のチョムスキーが、句構造文法のみをさらに追究しても意味がないものとして、研究の初期段階で指令公式の探求を捨て去っていたのだ。ただしコピー言語は、リフレインなどで必要である。

ここで一度整理しておくと、『統辞構造論』の〈第3章〉で述べられた有限状態文法(正規文法)には、明らかな限界があった。閉ループを加えることで連鎖を無限に生成することはできたが、「線形順序」(75ページ)の連鎖にすぎず、要素を横一列(あるいは時系列)に並べて〈「左から右へ」文を生成する(p.51)〉ようなものだ。個別言語の文を生成することを「弱生成」と呼ぶが、有限状態文法はコピー言語はもちろん、鏡像言語やカウンター言語すらも生成できないのだから、弱生成において明らかな限界があったのだ。

次に〈第4章〉で述べられた句構造文法では、文脈を加えることでコピー言語までの弱生成が可能になったが、「単純で啓発的」な理論を作ることができなかった。それから、指令公式を積み重ねることで複雑な文を無限に生成することはできたが、それは木構造の階層で〈「上から下へ」文を生成する非常に初歩的なプロセス（p.51）〉にすぎない。例えば、平叙文から疑問文を作るだけでも不自然な生成になってしまう。あらゆる文の統辞構造を生成することを「強生成」と呼ぶが、句構造文法は強生成において限界があったのだ。

そこで強生成を可能にするような新しい文法が必要となる。チョムスキーはそれを〈言語構造に関する第三のモデル、即ち変換（transformational）モデル（p.7）〉と呼んでいる。この第三のモデルは、「変換生成文法」、あるいは短く「変換文法」とも呼ばれるもので、文法的変換をその一部として含むような生成文法である。この新しい文法については、〈第5章〉で詳しく述べられている。

以上の道筋は、『統辞構造論』において明快に述べられており、これこそが「チョムスキー革命」の実体なのである。

句構造文法の限界を超えるには

この重要な〈第5章〉は、「句構造による記述の限界」と題されている。先ほどの複雑な指令公式を載せた論文が出版されたのは『統辞構造論』の後だが、同じ頃に両方の原稿を準備していたのだろう。〈第4章〉の「句構造」で述べたことについて、その限界をすぐ後の〈第5章〉で認めた根拠は、この論文にあったわけだ。

チョムスキーは〈第5章〉のはじめに、言語理論が妥当でないことを立証するための方法について、〈その理論によって構築されるいかなる文法も非常に複雑で、場当たり的で、かつ「啓発的ではない」ことを示すこと（pp.47-48）〉と述べている。

文脈依存文法、すなわちコピー言語の指令公式のような句構造文法は、そうした妥当でない言語理論の典型なのだ。ただし句構造の理論をすべて捨て去るのではなく、句構造文法に〈相当の改良を加える（p.48）〉ことが、この〈第5章〉の目標となっている。

ここで仕切り直して、チョムスキーによる新たな言語理論、すなわち「変換モデル」が導入される。結論から先に述べると、チョムスキーは次のように記している。

〈句構造の概念は言語のごく一部にとっては充分妥当なものであるが、言語の残りの部分は、句構造文法によって与えられた連鎖に、非常に単純な変換を繰り返し適用することによって派生することが出来ると考えられる（p.71）〉

つまりその理論とは、〈句構造と文法的変換を組み合わせた、より強力なモデル（p.74）〉

である。

句構造文法では限界のある例として、「倒置」という現象がある。倒置では、連鎖の一部がコピーされて、元の木構造を保ったまま移動する。例えば英語では、"You are ~." で始まる文のbe動詞を先頭に移動して、"Are you ~?" とすると疑問文になる。このように、疑問文も倒置の一種だ。また、"She wrote the book." (「彼女はその本を書いた」) という文を "The book she wrote." (「彼女が書いた〔その〕本」) と倒置することで、文が名詞句に変わる。このような倒置の指令公式は、先ほどのコピー言語のように複雑なものにならざるをえない。

句構造文法の限界を示すもう一つの例は、「不連続要素」と呼ばれるもので、隣り合わない（つまり不連続な）要素が呼応することをいう。例えば、「決して~でない」という否定の表現は、不連続要素の一例である。

日本語では、敬語表現にも不連続要素が含まれる。例えば「先生が生徒に本をお貸しになる」は敬語として正しいが、「先生が生徒に本をお貸しする」は誤りだ。逆に、「生徒が先生に本をお貸しになる」は誤りだが、「生徒が先生に本をお貸しする」は正しい。主語と目的語のどちらを尊敬の対象とするかで、離れたところにある動詞の形が変わるわけで、そうした相互依存の規則は、句構造文法を拡張しても扱うのが難しい。

では、「場当たり的」でなく、「単純で啓発的」な文法とはどのようなものか。チョムスキーが提案した〈言語構造に関する全く新しい考え方（p.62）〉とは、「文法的変換」だった。もとの句構造に、この「変換」（「変形」と訳されることもある）という操作を加えていけば、文脈依存の複雑な文法を使うことなく、倒置や不連続要素などを生成できるのだ。

前に説明したコピー言語は、文のような一定の構成素から成る連鎖Kに対して、その後に同じKを追加すればよい。つまりこれは「K→K+K」という変換で表すことができ、二〇行ほどの複雑な指令公式とは比較にならないほど単純な変換式で表せる。なお、変換式は指令公式ではないので、〈単一の記号のみが書き換えられる（p.37）〉という制約は受けずにすむ。

また、倒置は連鎖KとLに対して「K+L→L+K」と表せばよいし、不連続要素は「A+K+B→A+K+C」のようになる。連鎖AとBは、間に連鎖Kがあるために不連続となっているが、AとBの相互依存によってBをCに変換すれば、AとCが呼応するわけだ。

ここで重要なのは、K・L・A・B・Cなどの記号が構成素を成しており、変換はその構造に基づいて適用されるということだ。つまり変換は、句構造文法よりさらに一段、抽象的な操作ということになる。

「変換分析」というアイディア

〈第5章〉の終わりでは、二種類の変換が示されている。一つは、必ず行わなくてはならない「義務的変換」である。二つめは、変換するかどうかを選択できる「随意的変換」だ。両者をあわせた変換のセットのことを、「変換構造」と呼ぶ。

また、言語の核となる文、すなわち「核文」とは、句構造から義務的変換だけを施して得られる文のことである。二種類の変換と核文については、その具体例が〈第7章〉に示されている。なお、義務的変換を先に施してから随意的変換を行うと考えてよい。

「変換分析」と呼ばれる概念について、チョムスキーは次のように述べている。

〈変換分析を正確に定式化すれば、それが句構造を用いた記述よりも本質的にもっと強力であるということが判る。これは、句構造による記述が、文を左から右へと生成する有限状態マルコフ過程による記述よりも本質的に強力であることと同様である（p.67）〉

すでに説明したように、マルコフ過程と句構造の間には、動物の情報伝達と人間の言語を隔てるだけの本質的な差があった。「句構造による記述」はそれほど強力だったわけだ。また、それと同じほどの違いが、句構造文法と変換分析の間にあるというのだ。

さらにチョムスキーは次のように続ける。

〈変換のレベルを加えることによって、文法が実質的に大きく単純化されることに注意することが重要である（p.67）〉

つまり、チョムスキーの目指す「単純で啓発的」な生成文法を構築する上で、この変換分析というアイディアはきわめて大きなインパクトを持っていたのである。

文法について明らかとなった全体像を整理してみよう。文法は、「句構造→変換構造→形態音素論」という三段階によって構成される（形態音素論については、本書120ページで説明した）。句構造を持つ形態素の連鎖は、変換構造によって語の連鎖に書き換えられる。さらに語の連鎖は、形態音素論によって音素の連鎖に書き換えられる。つまり変換構造の規則が、句構造と形態音素論の規則を有機的に結びつけるのだ。

文法の中立性

ここで次のような疑問が生ずる。「生成文法」は話者が発話を構築する過程の理論であって、そこには聴者（聞き手）が聞いた内容を分析し再構築する過程は含まれないのではないか。しかしそれは、「生成」という言葉を表面的に捉えたことによる誤解である。〈第5章〉の最後では、このような誤解に対して次のように言及している。

〈これまで議論してきた形式の文法は、話者と聴者の間の関係、あるいは発話の合成(synthesis)と分析(analysis)の間の関係については全く中立なのである。[中略] 実のところ、話者と聴者が行なわなければならないこれら二つの作業は本質的には同一のものであ[る] (p.68)〉

これは、脳における分業（「機能分化」という）と統合に関わる問題でもある。もし、合成と分析に使われる文法が別物ならば、脳に複数の「文法中枢」(188ページで説明する）を用意しなくてはならなくなる。しかも文法の習得時には（母語でも第二言語でも）、これらを常に同期して更新しなくてはならない。精緻な文法の働きを考えれば、それは脳の設計上ありえないことだ。脳では、入力（分析）には感覚野が、出力（合成）には運動野や運動前野が関わるが、文法中枢はどちらからも独立していて、両者を統合すると考えられる。

さらにチョムスキーは、化学反応の理論との類推を用いながら、文法の役割を分かりやすく説明している。

〈ちょうど文法が文法的に「可能な」発話を全て生成するのと同様に、この化学理論は物理的に可能な化合物全てを生成するとも言える。そして、個々の発話の分析と合成といった特定の問題を研究するためには文法に依拠（いきょ）しなくてはならないのと同じように、化学理論も、特定の化合物の定性分析および合成の技術に対する理論的基盤を与えるものとして機能するのである（pp.68-69）〉

このような発想は言語学だけでは出てこないもので、科学という考え方を基礎にすることの大切さがよく分かることだろう。

化合物の例として食塩（塩化ナトリウム）を取り上げよう。定性分析（試料の成分を調べる検出法）を行うと、食塩水にはナトリウムイオンと塩素イオンが含まれていることが分かる。また、食塩水を電気分解すると、苛性ソーダ（水酸化ナトリウム）と共に、塩素ガスと水素ガスが生成される。逆に苛性ソーダの粒を塩酸（塩化水素の水溶液）に入れると、発熱して食塩が合成される。化学反応式で書けば、そうした化合物の分解と合成は、エネルギーのやり取りや反応の方向が違うだけで、「本質的には同一のもの」なのだ。分析と合成の同一性や、その「理論的基盤」を深いところで理解するためにも、そうした自然科学の素養が欠かせない。

言語理論を絞り込む三つの条件

続く〈第6章〉は、「言語理論の目標について」と題されている。生成文法理論は始まったばかりなので、今後取り組むべき目標を設定したのだ。この章の冒頭でチョムスキーは、言語学と自然科学の類似性について、さらに次のように述べている。

〈［科学的］理論は、（例えば、物理学においては）「質量」や「電子」といった仮説的構成概念を用いて一般法則を構築することによって、観察された諸現象を関係付けようとしたり、新しい現象を予測しようとしたりするのである。同様に、英語の文法も［中略］英語の特定の音素や句、等々（仮説的構成概念）を用いて述べられた何らかの文法規則（法則）を含むことになる（pp.74-75）〉

ここで、文法規則を「法則」と捉えた考え方は、序章で述べた自然法則の追究と合致する。法則としての言語理論が満たすべき指針として、チョムスキーは三つの条件を打ち出した。最初の二つは次のようなものである。

（1）妥当性の外的条件（external conditions of adequacy）
（2）一般性の条件（condition of generality）　（p.75）

まず、個別言語の理論には、その言語の母語話者の言語知識を矛盾なく説明できるような妥当性が求められる。さらに妥当性を検討するための外的（経験的）な条件として、操作的テスト（文に変換などの操作を加えて正文になるか調べる）や、行動テスト（ある言語操作に対して理論の予言どおりに文法判断という行動が変化するか調べる）がある。

しかし実際には、妥当性の外的条件だけでは不十分であり、チョムスキーはすでに〈第2章〉で次のように述べていた。

〈一つの言語を独立に考えた場合は、明白な事例を適正に扱える多くの異なる文法が存在し得るので、このことは妥当性のテストとしては弱いものに過ぎない。しかしながら、どの言語に関しても同一の方法によって構築されたそれぞれの文法によって明白な事例が適正に扱われるべきであると主張するのであれば、これは極めて強い条件として一般化することが可能である（pp.13-14）〉

つまり一般性の条件は、いかなる自然言語に対しても（1）の条件を満たす個別言語の文法（個別文法）を提案できるような一般理論（普遍文法、メタ言語理論）に関わる。例えば日本語の文法は英語などの文法と関連性を持って記述されなくてはならない。

さらに一般理論を定式化していくためには、次の条件が必要だとチョムスキーは考えた。

（3）単純性（simplicity）（p.80）

これは、一般理論が個別文法の候補から最も単純なものを選択するということである。ここで整理しておくと、一般理論である普遍文法は生後すぐの脳（初期状態）に相当し、個別文法は言語獲得後の脳（定常状態あるいは最終状態）に対応する。一般理論と個別文法の関係を考える上で、単純性は中核となる概念だったが、一般の科学理論を律する単純性と混同されたため、多くの論争を引き起こした。

この重要な（3）の条件について、チョムスキーは次のように述べている。

〈単純性は**システム全体に係わる**尺度であることに注意されたい。つまり、評価における唯一の究極的な規準は、システム全体の単純性なのである（p.83）〉

たとえ一部の文法を単純化できても、残りが複雑になるようでは意味がない。一部の単純化が他の部分の単純化に連動してこそ、理論の全体が単純化するのである。

説明的妥当性を満たす理論を目指して

コーパスが与えられた際、その源になる言語の個別文法を導く上で一般理論に課される要請として、チョムスキーは〈発見手続・決定手続・評価手続（p.77）〉を挙げているが、この順に要請が弱まっていく。一般理論が提供するものとして、最良の文法そのものを見つけるための発見手続、ある文法が最良かどうかを決めるための決定手続、いくつかの文法の中からよりよいものを選ぶための評価手続、がありうるということだ。ではどれが最適なのか。

チョムスキーは、これら三つの中で最も弱い要請である「評価手続」を採用した。当時の構造主義は発見手続を重視したが、その要請は科学のほかの分野でも考えにくいほどに強く、しかも言語知識に対する科学的な説明とはほど遠かったからだ。そこで、演繹的な文法の提案と評価手続を繰り返すことで、最終的に最適な個別文法が選択できるのではないかと考えたのである。

ただし、評価手続だけでも十分強い要請なので、そのアプローチに固執するのは望ましくないとチョムスキーは考え始めていたのだろう。〈言語理論は有用な手続を示すマニュアルと同一視されるべきではなく、また、文法の発見のための機械的な手続を提供することを期待されるべきでもない〈pp.90-91〉と慎重に述べていた。

以上のような概念整理が、一九六〇年代以降の生成文法理論の発展を支えてきた。(3)の「単純性」の条件は、個別文法を評価する上で一般理論の拠り所となっている。ここで(1)の「妥当性の外的条件」を満たす文法は、話者の言語能力を正しく記述するので、「記述的妥当性」を満たす。

「記述的妥当性」を持つ文法に対して、(3)の単純性の概念などに基づいて適切な評価手続が与えられれば、言語能力の獲得を説明できるので、その一般理論はさらに進んだ「説明的妥当性」を満たすことになる。

チョムスキーについてよくある批判に、途中で何度も理論が変わるというものがあるが、それはこのような一般理論の妥当性について誤解しているためだろう。チョムスキーは最初から究極の言語理論を作ろうとしたのではなく、その出発点と方向性をまず明示して、その上で自ら理論の開拓を行ってきた。長い歴史を持つ物理学でも、「統一場(ば)理論」のように未完成なものがあるくらいだ。現状の理論をより良い理論に置き換えていく努力が常に求められる。それが科学という考え方なのである。

二十代前半(五〇年代前半)に研究を始めたばかりのチョムスキーが、数十年先を見据えた問題意識をすでに持っていたわけで、これは驚くべき慧眼(けいがん)だ。実際、一九八〇年前後には、一般理論と個別文法がそれぞれ「原理」と「パラメータ(変数)」として定式化されたため、評価手続のアプローチは不要となった。単純性の概念は八〇年代後半になっても生き残り、それが普遍文法に関する原理として再認識されて、九〇年代には経済性原理などを中心とする「極小性 minimality」のモデルにつながった。一九九五年には、その極小モデルがチョムスキー著〔外池滋生・大石正幸監訳〕『ミニマリスト・プログラム』"*The Minimalist Program*"(翔泳社、一九九八年)という著書にまとめられたのである。

変換分析の役割

〈第7章〉「英語におけるいくつかの変換」では、〈第5章〉で提案した「変換」を実際に英語で当てはめてみて、豊富な具体例を示しながら論じている。そのため『統辞構造論』の中でもページ数が最も多い章だが、本書ではその主要な議論を紹介するにとどめる。

ここではまず、変換分析の役割を明らかにするため、この章の途中に書かれた次の文と、章を締めくくる文とをあわせて見ておこう。ここで現れる「変換論的観点」とは、変換分析を指す。

〈句構造という点からすると動機付けもなくまた説明も不可能であるように見えるある種の言語的振る舞いも、変換論的観点を採るならば、単純で体系的な現象に見えてくる（p.118）〉〈直観的に捉えられる【現象間の―訳者による補足】対応や、一見すると不規則に見えることにも説明を与えることが出来るという事実も、我々が従ってきたアプローチの正しさに対する重要な証拠となるように私には思える（p.134）〉

残念なことに、学校で教わる英文法の多くは「動機付けもなく説明も不可能であるように見える」し、「一見すると不規則に見える」だろう。私は高校生の時に英語の先生を質問攻めにしたことがあったが、論理的にすっきりしない「場当たり的な」現象論（例えば定冠詞・不定冠詞・無冠詞の使い分け）には、どうしても納得がいかなかった。説明できないことを人に教えるなど、物理学ではありえない話なのだが。その後大学院生になって、ネイティブ・スピーカーに同様の質問を何度もぶつけてみたが、やはりらちが明かなかった。どんなに突き詰めていっても、「英語ではそうなっている」としか言いようがなくなってしまうのだ。

それもそのはずである。学校文法やネイティブ・スピーカーの直感を超えたところに本当の原因があったのだから。英文法（国文法も）の授業を担当する教師は、願わくば『統辞構造論』を読んで変換分析を理解してから授業をしてほしい。そうすれば、理系の学生に対しても言語に対する興味を失わせないばかりか、文法に対する新たな好奇心を植えつけられることだろう。

チョムスキーは、英語の具体例を踏まえて、次のように結論している。

〈英語の統辞法を完全に句構造のみによって記述しようとしたならば、be や have を伴う形式は、紛れもない明白な例外と見えるだろう。しかし、こうした一見例外に思える形式こそが、規則的な事例を説明するために作り上げられた最も単純な文法からまさに自動的に生じるものであることが今や明らかになったのである。従って、be と have のこうした振る舞いは、変換分析という観点から英語の構造を考察するならば、実はさらに深い基底にある規則性を示す例となることが判るのである（p.106）〉

〈変換分析の視点を採れば、一見別個のもののように見える多種多様な現象が、極めて単純かつ自然な形で収まるべき所に収まり、その結果、英語の文法がはるかに単純で整然と

したものになることを見てきた（p.107）〉

この「極めて単純かつ自然な形で収まるべき所に収まり」、「さらに深い基底にある規則性」こそが、目指すべき「単純で啓発的な」文法なのである。本章にいたって、さらに確信に満ちた力強い結論になっていることに注目したい。

変換分析で何が分かるか

変換分析の役割が整理できたところで、その一端を、英語の具体例を通して見てみよう。

（1）Adam has an apple（アダムはりんごを持っている）

この文を作るとき、義務的変換を施す直前の連鎖は、次のようになる。時制が述語の先頭に来ていることに注意しよう。

（2）Adam + C（時制）+ have + an + apple

ここでC〈時制および一致要素（p.55）〉が「現在」であって、かつAdamが三人称単数という「文脈」では、CがS（三単現のsを大文字で表す）に書き換えられ、さらにS＋have→have＋Sという変換が行われる。この変換は、必ず行わなくてはならない「義務的変換」の一例だ。英語では、動詞の活用変化が語尾に起こるので、時制と動詞の順番を入れ替える必要がある。なお、主語や時制と呼応して述語が活用するような現象を「一致」と呼び、Cは「一致要素」として働く。

このような連鎖内の順番を入れ替える「倒置」は、句構造文法の限界を示す例だったことを思い出そう。この変換の結果、Cがhaveと結びつくことで生じたhave＋Sが形態音素論によって、/hæz/（has）になる。これで（1）が説明できた。

次に、yes / no疑問文（yesかnoで答えられる疑問文）を作るような変換を考えよう。この変換は、transformation（変換）とquestion（疑問）の頭文字を取ってTq（疑問変換）と表す。Tqは〈最初の分節と二番目の分節を入れ替える（p.96）〉という変換である。ここで分節（segments）とは、句構造のまとまりのことだ。Tqは、変換するかどうかを選択できる「随意的変換」の一例である。

ここで、(2) に対して次のような分析が行われる。ダッシュ記号「—」は、分節の切れ目を示している。

(2') Adam — C (時制) — have — an + apple

(2') では、変換Tqによって最初の分節 Adam と二番目の分節Cを入れ替えると、単独のCが does に書き換えられて、次の疑問文が正しく得られる。

(3) does Adam have an apple? (アダムはりんごを持っていますか)

英語において、be や have と助動詞 (can や will など) に限って、C (時制) と結びついてから分節になれるが (例えば過去形の was や could は文頭に移せる)、eat (「食べる」) などの一般動詞ではこの結びつきは許されない (過去形の ate は文頭に移せない)。この規則により、否定文 (not を使う文) や強調肯定文 (アクセントのある do や can などを一般動詞の前に置いて強調する文) なども、全く同じ形式で導くことができる。

そこで（2）は、（2'）だけでなく次のようにも分析される。

（2"）Adam — C（時制）+ have — an + apple

すると、Cがhaveと結びついた分節、すなわち（1）のように義務的変換で生じたhasが二番目の分節となるので、変換Tqによって最初の文節Adamと入れ替えると、別の形式の疑問文が正しく得られる。

（4）has Adam an apple?（アダムはりんごを持っていますか）

それでは、次の三つの文は、なぜ文法的に間違った「非文」となるのだろうか。いずれも、日本人によく見られる英語の誤りである。

（5）*eats Adam an apple?
（6）*is Adam have an apple?

（7）＊have Adam an apple?

（3）と（4）は文法的に正しく、（5）〜（7）が間違っているのはなぜか。学校文法ではなかなか理解できず、非文にいたっては、ただ間違いだとしか言いようがないだろう。これらは「一見すると不規則に見えること」で、「説明も不可能であるように見える」現象だ。

しかしTqという変換によって、（3）と（4）は同時に説明された。正文はすべて、規則に基づいて「自動的に生じるもの」なのだ。

一方、（5）は一般動詞eatをC（時制）と結びつけて分節を作ってしまった誤りだ。また、（6）はdoes（C）をis（C＋be）とした誤りであり、（7）はCの存在を忘れたか、あるいは最初の分節と三番目の分節を入れ替えてしまった誤りとして説明できる。

このように第二言語習得者の文法ミスは、分析の対象になりうる。たとえ誤りであってもそこには今説明したような「規則性」があり、誤りが何であるか意識できなくとも、そこに何らかの理由が隠されていると考えられる。それは、普遍文法を備えた「人間特有の」誤りなのだ。

なお、ＷＨ疑問文（who や how などの疑問詞を含む文）は、Tq（疑問変換）に続いて、副次的な変換Tw（ＷＨ疑問変換）をつけ加えることで得られる（１６８ページで説明する）。TwもTqと同様に、変換するかどうかを選択できる「随意的変換」だ。

以上見てきたように、変換分析はいわば地動説のようなものだ。天動説では、「一見すると不規則に見える」惑星の動きを明快に説明することができなかった。惑星の見かけの動きを説明するために、地球を中心とする軌道（導円）上に、複雑な「周転円」という別の軌道を設けたのが天動説だ。いわば、コピー言語を二〇行ほどの複雑な指令公式で説明しようとしたようなものである。

一方、「はるかに単純で整然とした」地動説がケプラー（楕円軌道の発見）とニュートン（万有引力の発見）によって確立したことで、惑星だけでなく月も含めたあらゆる天体の運動が統一的に説明できるようになった。これは「さらに深い基底にある規則性を示す例」であり、まさに啓発的である。チョムスキーが言語理論の発展を目指した背景には、そうした物理学の考え方があったのだ。

「言語学的レベル」とは何か

続く〈第8章〉「言語理論の説明力」は、「言語学的レベル」についての話が中心となる。〈第1章〉「序文」でも、〈言語理論における中心的な概念は「言語学的レベル」(linguistic level) という概念である (p.10)〉と書かれていた。

最初に挙げられているのは、「構造的同音異義性」の例である。これは「仮定・過程・課程・家庭・河底」のような同音異義語ではなく、音素は同じだが文の構造が異なることだ。日本語で説明すると、「カネオクレタノム」という音声(「オ」と「ヲ」は音素では区別されない)が、「カネ、オクレ(送れ)、タノム」と「カネオ、クレ、タノム」や、「カネオ、クレタ、ノム(飲む)」という三通りの句構造を持ち、異なる意味に解釈できるという多義性(曖昧性)がある。間や抑揚の違いを除けば、「カ・ネ・オ・ク・レ・タ・ノ・ム」という音素のレベルには、まだ多義性が現れていないので、句構造はそれより一段高いレベルにあることを示している。前に挙げた「みにくいあひるの子」や「土曜と日曜の午後」の多義性も、同様に句構造のレベルで生じていたのだ。

さらに本章では、次のように述べられている。

〈句構造と変換構造は文法的な文に対する、はっきりと性質が異なる別個の表示のレベル

であるという結論に到る（p.137）〉

文法的な文を生成する上で、句構造と変換構造にレベルの違いがあることは、これまでの説明からも分かるだろう。"does Adam have an apple?"という疑問文を作る前に、［Adam ― C（時制）― have ― an + apple］という連鎖と、それに付された分節の構造が必要だった。つまり変換構造は、句構造よりさらに一段高いレベルにある。

そこでチョムスキーは、〈「文を理解する」という概念は、「言語学的レベル」という概念に基づいてある程度説明されるべきである（p.140）〉と述べている。

〈句構造や、後で見るように変換構造のような高いレベルを含めた全てのレベルにおいて文がどのように分析されるかということが判らない限り、文を完全に理解することは出来ないのである（pp.140-141）〉

このようにして、言語学的レベルにはいくつもの段階があることが確かめられる。言語学的レベルに応じた段階を順にたどっていかなくては、「文を完全に理解すること」にはならない。

以上見てきたように、たとえ疑問文であっても、緻密にステップを踏んで作られているのだ。日本語では変換をしなくとも疑問文が作れてしまうので、英語が難しく感じられる原因になっているかもしれない。例えば「私は昨日家で三つの赤いりんごを食べた」という文の内容を問うには、それぞれの尋ねたい語を疑問詞に書き換えて、「あなたはいつどこでいくつのどんなりんごを食べたの？」とすればよい。

日本語では主辞（115ページ）が後に置かれる。例えば名詞句「私の友達の弟」では、後に置かれた「弟」が主辞である。また、文（例えばSOV）の動詞句（OV）では主辞となる動詞（V）が文末に来ることになる。さらに、末尾の動詞の後に「の」や「か」、あるいは「～のですか」をつければ疑問文になる。また、動詞の未然形の後に「ない」をつければ否定文になる。うっかり口が滑っても、「～などということは誰も言っていない」とフォローすれば事は収まるのである。それにもかかわらず、日本の政治家に失言が多いのはなぜだろうか。

英語や中国語では主辞が先に置かれる。例えば名詞句“brother of my friend”では、先に置かれた“brother”が主辞である（80ページ）。また、文（例えばSVO）の動詞句（VO）

で、日本語とはVとOの順序が逆転する。「英語は後ろから訳せ」と言われたり、漢文に返り点をつけたりするのは、そのためだ。実際、中国語では動詞の前に「不」をつければ否定文となる。しかし、話の展開は言語の違いと関係なく文の前から後ろに進むので、やはり順を追って理解したほうが文の内容や構造が把握しやすいと言える。

日本語では文末のほうに主辞が来るといっても、常に理解しやすいとは限らない。例えば、名詞などで終わる文の末尾に「だ」をつけて強く断定したはずなのに、願望の意味になる場合がある。スポーツ紙にあるような「日本、優勝だ」などの見出しがそうだ。また、文末に「かな」が来る場合も、次のように微妙なニュアンスの違いが生じうる。

(1)「日本は優勝しないかな」——願望
(2)「そろそろ一休みしようかな」——自分自身に問いかける気持ち
(3)「藤井君はどうしてそんなに強いのかな」——軽い詠嘆の気持ちを込めた疑問
(4)「見本のケーキは食べたらいけないかな」——?

(4)の例となると、発話意図から理解するしかなく、人によって解釈が分かれることもあるだろう。そのような場合は、状況に応じた意味についての判断が不可欠となる。

母語話者の直感に即した英文法

〈第8章〉「言語理論の説明力」の最後には、句構造や音素のレベルでは違いがあっても、変換構造のレベルでは共通した説明が得られる例が紹介されている。次に示す四つの文を見てみよう。

(i) Adam ate an apple (アダムはりんごを食べた) ——平叙文、下降調

(ii) did Adam eat an apple (アダムはりんごを食べたの) ——疑問文 (yes / no)、上昇調

(iii) what did Adam eat (アダムは何を食べたの) ——疑問文 (WH)、下降調

(iv) who ate an apple (誰がりんごを食べたの) ——疑問文 (WH)、下降調

これらは、英語の授業や英会話学校などで習う英文法だが、このような分類の理由を教わることはほとんどないだろう。例えば、文末の抑揚が下降調か上昇調かというイントネ

ーションで分類すると、(i)(iii)(iv)と(ii)が対立する。もし語順で分類すると、(i)(iv)と(ii)(iii)が対立する(後者の二つには助動詞didが主語の前に現れる)。実際、「場当たり的で」ない理由を見つけるのは難しい。

ところがこの問題は、変換分析を用いると見事に解決する。義務的変換のみを受けた核文か否か、あるいは随意的変換であるTq(疑問変換)を含むか否かで、平叙文と疑問文がまず分類される。次に、副次的な変換Tw(WH疑問変換)をつけ加えるか否かで、yes / no疑問文とWH疑問文が分類される。

さらに、Tqによる倒置で上昇調に転じたイントネーションは、Twに含まれる倒置によって帳消しにされ、再び下降調に戻されることになる。その結果、(i)~(iv)のような文型の階層性が自然に導かれて、母語話者の直感に即した根拠を与えることができた。変換文法が持つ「説明力」は、こうした基本的な問題に対して十分強力なのである。

なお、日本語では疑問変換に倒置が含まれず、yes / noとWH疑問文はどちらも文末の抑揚が上昇調になる。

統辞論と意味論

さて、「文を理解する」という場合、一般的に思い浮かべるのは、その文の意味のことだろう。しかし、チョムスキーの統辞論は純粋に形式的で、意味から独立したものだった。この問題について書かれたのが、〈第9章〉「統辞論と意味論」である。

ここでチョムスキーは、意味論（言語の意味について論じる言語学の分野）が科学にはどうしてもなりにくいということを繰り返し述べている。もちろん意味論が人間の認知能力を反映していることは疑いないが、人間はきわめて高度に意味を扱えるため、逆に何でもありということになりがちなのだ。それでは自然法則になじまないことになる。

〈統辞構造が意味と理解の問題に対してある種の洞察を与え得ると提案することによって、我々は危険な領域に踏み込んでしまったことになる。言語研究において、統辞論と意味論の接点を扱う領域以上に、混乱に陥りやすく、それゆえ明確で慎重な定式化を必要とする領域は他にないのである（p.150)〉

この時点ですでにチョムスキーは、意味論をめぐる相当な論争を経験していたのだろう。実際、〈意味に訴えることなしに、一体どのようにして文法を構築することが出来るのか

〈p.150〉〉という典型的な反論が、意味の情報が必要だとする研究者たちから返ってきたのだった。

しかし、チョムスキーが『統辞構造論』で一貫して述べてきた理論は完全に形式的であり、意味には依存しない。三人称・単数・現在といった「意味」はもちろん文法に関係するが、そこに具体的な事物との対応を考える必要はないのだ。さらに、aとbの二文字だけで作られた基本言語やカウンター言語などを思い出せば、「形式的」であることは明らかで、意味の入り込む余地はない。

統辞論に意味を持ち込んではいけないと考えるチョムスキーは、〈統辞理論に対する意味論的基盤を見つける可能性をはっきりと否定する（p.151）〉と述べながら、次のように問題を設定している。

〈問われるべき真の問題は、「ある言語を実際に使用する際、その言語において利用可能な統辞装置は、どのように働くのか」ということである（p.150）〉

この「統辞装置は、どのように働くのか」という問題こそ、まさに言語脳科学の核心的な問題でもある。

意味について

そして本文を締めくくる〈第10章〉「要約」では、〈文法性の概念は、有意味性という概念と同一視することは出来ない（し、また、統計的近似度という概念とは何の関係も、近似的関係さえ持っていない）(p.173)〉と述べられている。意味によらず、統計的なモデルとも無関係に、人間の言語が持つ奥深い法則性を解明すること。私はそこに科学としての魅力を感じる。

その一方で、数学的に定式化され、単純化された言語理論をそもそも受け入れられない人は少なくないだろう。人間の言語は、ちょっとした意味やニュアンスの変化で多様な変化を見せるものだ。そのような言葉の多様性が好きな人にとって、意味を犠牲にしてまで普遍性を追究することなど想像できないのだろう。

一方でチョムスキーは、本文の最後のページで、〈統辞構造と意味の間には、極めて当然ながら、多くの重要な相関関係を見出すことが出来る(p.176)〉と述べている。ただし、ここで言う「意味」は、意味解釈のことだ。その前には、〈「構造的意味」という概念を考えることの妥当性は相当怪しいように思われる(p.176)〉とある。構造的意味として、主語・動詞・目的語や構文などに意味を与えようとする立場があり、〈体系的に意味を考慮しても、最初に文法構造を決める際には役に立たないように思われる(p.176)〉として、そのような立場にチョムスキーは否定的である。

構造的意味の例として、有生(うしょう)(animate)の名詞が無生(inanimate)の名詞より先に来るという説がある。これは「人→動物→非生物(物体)」という意味を文法的語順に無理に当てはめようとするものだが、例外はいくらでもある。単に統計的に人が主語になることが多く先頭に来やすいだけである。

一方、チョムスキーの言う〈「語彙的意味」(lexical meanings)」(p.167)〉が文法のさまざまな性質を決めることは確かにある。例えば日本語で、「させる」という使役の動詞は、「食事をさせる」や「彼にさせよう」のように目的語をとるだけでなく、「食べさせる」のようにほかの動詞を伴った助動詞的な働きもある。

ほかの例として、「られる」という助動詞が、文脈によってさまざまな語彙的意味を含むことを見てみよう。

（1）「獲物がライオンに食べられた」――受け身
（2）「これなら何とか食べられる」――可能
（3）「おいしい料理だと感じられる」――自発
（4）「先生が日本料理を食べられた」――尊敬

このように、助動詞がいかに重要な文法的役割を果たしているかを考えてみると、統辞論と意味論には興味深い接点がありそうである。

以上、チョムスキーの『統辞構造論』について、その大筋を見てきた。これで、チョムスキーの目指す「単純で啓発的な文法」の意味するところがはっきりしたことだろう。言語の科学的研究では今後百年以上にわたって筆頭に挙げられるべき本である。

チョムスキー批判に答える

『統辞構造論』を虚心坦懐に読めば、チョムスキー理論に対するほとんどの疑問や誤解は氷解するに違いない。しかし残念なことに、根強い批判の多くはそもそも『統辞構造論』を読んでいないことで生じているように見受けられる。

『日経サイエンス（アメリカの雑誌 *Scientific American* の翻訳記事が中心）』の二〇一七年五月号に、そうした典型的な反論が載せられた。タイトルは「チョムスキーを超えて——普遍文法は存在しない」で、著者はP・イボットソンとM・トマセロだ。個人攻撃を前面に出したこの記事には、「多くの認知科学者と言語学者はこの説を放棄している」とか「数々の証拠がチョムスキー説に襲いかかり、この説は何年も前からゆっくりと死に向かっている」とあり、「死を告げる鐘」といった見出しまである。このように一方的で扇情的な、しかし単なる「意見」が老舗の一般科学誌に載ること自体、異常なことだ。これでは悪意のあるゴシップ記事に成り下がったも同然ではないか。

まず、「普遍文法は存在しない」というタイトルだけでも非科学的だとすぐ分かる。「存在しないこと」の証明（いわゆる「悪魔の証明」の一種）は、科学的に不可能だからだ。これは「お化けは存在しない」という主張の証明と同じで、あらゆる「お化けらしきもの」を捕らえて確かめることなどできない相談である。同様にして、「霊魂が存在しないことは証明されていないから、必ず存在する」といった議論も、これで誤りだと分かるだろう。

すでにチョムスキーは、トマセロらの主張が、言語能力とほかの認知過程との解離を示す数々の証拠（200ページで説明する）や、一般の学習メカニズムを超える言語獲得能力が人間のみに備わっていることなどをすべて無視するものだと反論していた（チョムスキー＆バーウィック著〔渡会圭子訳〕『チョムスキー言語学講義―言語はいかにして進化したか』ちくま学芸文庫、二〇一七年 pp.127-128〔原著は二〇一六年〕）。

トマセロらの記事が「言語学のフィールド調査に基づく証拠」としているものも、「オーストラリア先住民の言葉には、文法的要素が文全体に分散している言語がある」とか、「アマゾンのピダハン語（Pirahã）など幾つかの言語はそうした回帰性［再帰性］なしで何とかすませているようだ」といった程度にとどまっている。

ダニエル・L・エヴェレット著〔屋代通子訳〕『ピダハン―「言語本能」を超える文化と世界観』（みすず書房、二〇一二年）の前半では、奥深いジャングルで暮らすピダハンの知られざる文化や価値観が鮮明に描かれている。後半ではピダハン語が紹介され、「色名や数量詞、数詞がないこと（p.307）」や、文の構造は単純で、「受動態という構造はない（p.310）」ことが示されている。また、「着想のひとつめは、ピダハン語にはリカージョン［再帰―引用者注］が起こらないということだ。ふたつ目はリカージョンはさして重要ではないこと―どうやらある言語によってリカージョンを使って言えることはなんであれ、別の言語でリカージョンを使わなくとも言えるようなのである（pp.317-318）」と書かれている。

この「ピダハン語には数学的な入れ子構造としてのリカージョンは存在しない（p.319傍点は引用者）」という主張や、数量詞や受動態がないという記述もまた、証明不能な非科学的な結論である。サンプルの不備や不足があった場合には、そうした特性が見られなかったとしても不思議はないからだ。

さらに、「わたしの説が知られるようになると、奇妙なことが起こった。チョムスキーの信奉者たちの間で、リカージョンの定義が変わったのだ（p.319）」という記述は、エヴェレットの自意識過剰ぶりを示している。これは「併合 Merge」という再帰的な操作（本書の210ページで説明する）を指すが、その提案は一九九五年の『ミニマリスト・プログラム』ですでに広く知られており、エヴェレットの説（二〇〇五年）よりずっと前のことなのだ。

そもそもピダハン語のようにあまり知られていない言語では、ほかの研究者による精査が十分でないので、非母語話者による翻訳や言語学的分析には常に先入観や誤りの入り込む余地が払拭（ふっしょく）できない。実際、ネヴィンズらによって二〇〇九年に発表された論文によれば、ピダハン語に埋め込み文や数量詞がないといったエヴェレットの主張はことごとく退けられ、彼自身の初期の論文（一九八六年）に実は埋め込み文の強い証拠があったという内部矛盾がすでに指摘されている（"Pirahã exceptionality: A reassessment" by A. I. Nevins, D. Pesetsky & C. Rodrigues, *Language* 85, pp.355-404, 2009)。

また、トマセロらの記事に挙げられた「新しい別の見方」（「言語学に新たな風」）、例えば「子供は一般的な認知能力や他者の意図を理解する能力を用いて言語を習得しているという見方」などについては、その「新説」が実はチョムスキーによって退けられた「学習説」と同じだということを指摘すればよいだけだ。そもそも、「存在しないもの」を論拠としたり、古い説を「新説」のように偽ったりする背景には、科学という考え方に対する無理解があるのではないか。

それにしてもなぜ、チョムスキーの理論には反論や異論が多いのだろう。言語の問題がそれだけ身近で裾野が広いため、誰もが独自の意見を持ちやすいためかもしれない。実際、統辞論の周辺にある意味論、認知科学、心理学はもちろん、教育学、社会学から、情報理論や人工知能にいたるまで、基礎的な問題についての論争が絶えないのだ。アインシュタインの一般相対論の亜流もさまざまあったが、次々とふるい落とされていったことを考えると、言語理論をいかに精度よく検証できるかが問われている。

また、意味論を専門とする言語学者がチョムスキーの理論に反発しがちなのは、「言語は人間がコミュニケーションのために作ったもの」という発想に原因があるかもしれない。もちろん言語は、他者とコミュニケーションをする目的で使えるわけで、それ自体は誰も否定していない。だが、「言語はコミュニケーションのためにある」とか、「言語は人為的に作られたもの」という先入観を徹底的に排除しないかぎり、議論は平行線のままだ。

文を生成する能力は、人類が自らの努力や工夫によって発明したものではなく、自然から与えられた生物学的な本能に基づくものだ。言語能力があったからこそ、それを基礎として豊かな言葉の世界を作り出すことができたし、芸術や文明を生み出すこともできた。

ところが音楽を重視する研究者の中には、「音楽が起源となって言語が生まれた」とする説を唱える人がいる。しかし、そもそも音楽が人間の生物学的な本能だという証拠はないのである。赤ん坊は喃語（乳児のまだ言葉に聞こえない声）を話す前に鼻歌を歌うだろうか。

いかに人為的な努力をしようとも、自然から与えられた言語の能力を変えることはできない。勝手に作られた文法では子どもが自然に獲得できないのである。生成文法は、人間の創造性の源泉であると同時に、そこに人間ならではの枠組みという制約を規定する。

『統辞構造論』で明らかにされたように、生成文法は言葉の「意味」には依存しないが、逆に意味理解には影響を及ぼすのである。

序章でも触れたが、特に欧米では「人間の心に関する問題は、そもそも自然科学では十分に扱えない」という方法論的二元論の信念が根強い。これは、物質と精神、あるいは体と心を別物と考える「二元論」に加えて、科学の方法論の限界を持ち出そうとする一種のドグマ（教義）である。心の一部としての言語の研究でも、そうしたドグマを払拭するのは容易でないという現実がある。逆に言えば、欧米の高名な学者がチョムスキーの理論を批判したところで何ら不思議はないのだ。

そうした批判への特効薬はないから、自然科学の手法を駆使して地道にチョムスキーの理論を証明していくしかない。そこで私は、脳科学からの裏付けを目指して、この二〇年の間研究を続けてきた。次の章では、その成果の一部をまとめて紹介したい。

人間の言語を自然現象として捉え、その奥底にある単純な法則を追究するチョムスキーの試みは、自然科学にほかならない。批判のための批判ではなく、より単純な説明に基づく対案を出さないかぎり、科学的な進歩は期待できないのである。

そのためにもまず、ケプラー・ガリレオ・ニュートン以来の近代科学を貫く根本精神を理解し、「科学という考え方」を身につけることが大切なのである。この点について詳しくは、拙著『科学という考え方—アインシュタインの宇宙』（中公新書、二〇一六年）をお読みいただきたい。

第三章　脳科学で実証する生成文法の企て

文法装置としての脳

前章で述べたように、チョムスキーは『統辞構造論』の序文で、自らの目指す文法のことを「装置」と呼んでいた。また、「文法のチョムスキー階層」では、自然言語の装置は、「チューリングマシン」と「有限状態オートマトン」の中間に位置していた（113ページ、図13）。では、そのような「文を産み出すある種の装置」はどこに存在するのか。

正文のみを生み出すこの「装置」の性能だけに着目するなら、コンピュータのような機械的なものであってもかまわない。その数学的な性質も考慮して、「装置」という抽象的な表現のほうが厳密だと言えよう。しかし、人間が自然から生得的なものとして与えられた「文法装置」とは、現実に存在する脳なのである。

人間の言語機能を科学的に解明する上で、「文法装置」は核心となるものだ。そうした自然科学に基づく人間観を打ち出したのがチョムスキー理論の革新性でもある。生成文法は、「人間の本性」に関わる従来の常識を覆すことにつながる、きわめて野心的な企てなのである。

チョムスキーの企てを証明する一つの方法は、人間の脳に存在する「文法装置」を実際に見つけて、その働きを解明することだ。私はこの可能性を目指している。本章ではその試みについて紹介しよう。

言語を扱う人工知能の難しさ

脳に頼らずとも、人工知能で人間の言語を実現できるのでは、という期待があるかもしれない。人工知能に「文法装置」を搭載することで、人間と機械が自由に会話できるようになったとしたら、文法の実体がつかめたと言ってよいだろう。ただし、その人工知能が人間と同じ言語機能を持つという保証はない。

前に説明したコピー言語の変換式「K→K＋K」では、「→」や「＋」、「K」といった記号（シンボル）が使われているが、そうしたシンボルが脳の神経細胞（ニューロン）でどのように表されるかはまだ全く分かっていない。複数のニューロンから成る神経回路（いわゆるニューラルネットワーク）のモデルでは、ニューロン自体の働きよりも、ニューロン間の接点にあたる「シナプス」の変化（伝達効率の向上）に注目するわけで、その変化とシンボルを結びつけることはさらに難しい。

人工知能で有力な技術である「深層学習 deep learning」もまた、多くの層状に配列したニューラルネットワークを使っており、そうしたノンシンボル（シンボルを使わないという意味）の機械学習は、言語学の理論とは相容れない。こうしたことも災いして、これまでの言語学と人工知能は「水と油」になりがちだったのだ。

既存の人工知能では、短い文章ならば作れる可能性がある。実際、短編小説を人工知能に書かせる試み（例えばGhostWriter）があり、シナリオをうまく絞り込めば何とか読めるものが作れるかもしれない。だが、人間という読者の心理を予測して、しかも意外性や感動、そして笑いなどを文章に織り込んでいくためには、人の心を的確に分析するための知性を同時に開発する必要がある。人間に対する観察から生まれる作家の深い洞察やインスピレーションに近いものを、果たして人工知能で実現できるだろうか。それには、言語をとりまく感情や発話意図などの脳研究が必要となってくるだろう。

文法装置は言語のエンジン

これまでの脳科学の対象は、脳への入力である認知機能か、脳からの出力である運動機能がほとんどで、それ以外は暗黙のうちにブラックボックスと見なされてきた。医学の分野では昔から「失語症」の研究がなされているが、これも基本的に入力と出力だけを問題にしていて、文法障害の研究はきわめて限られている。また、外界の情報（画像や音声）

図18　左脳の言語野

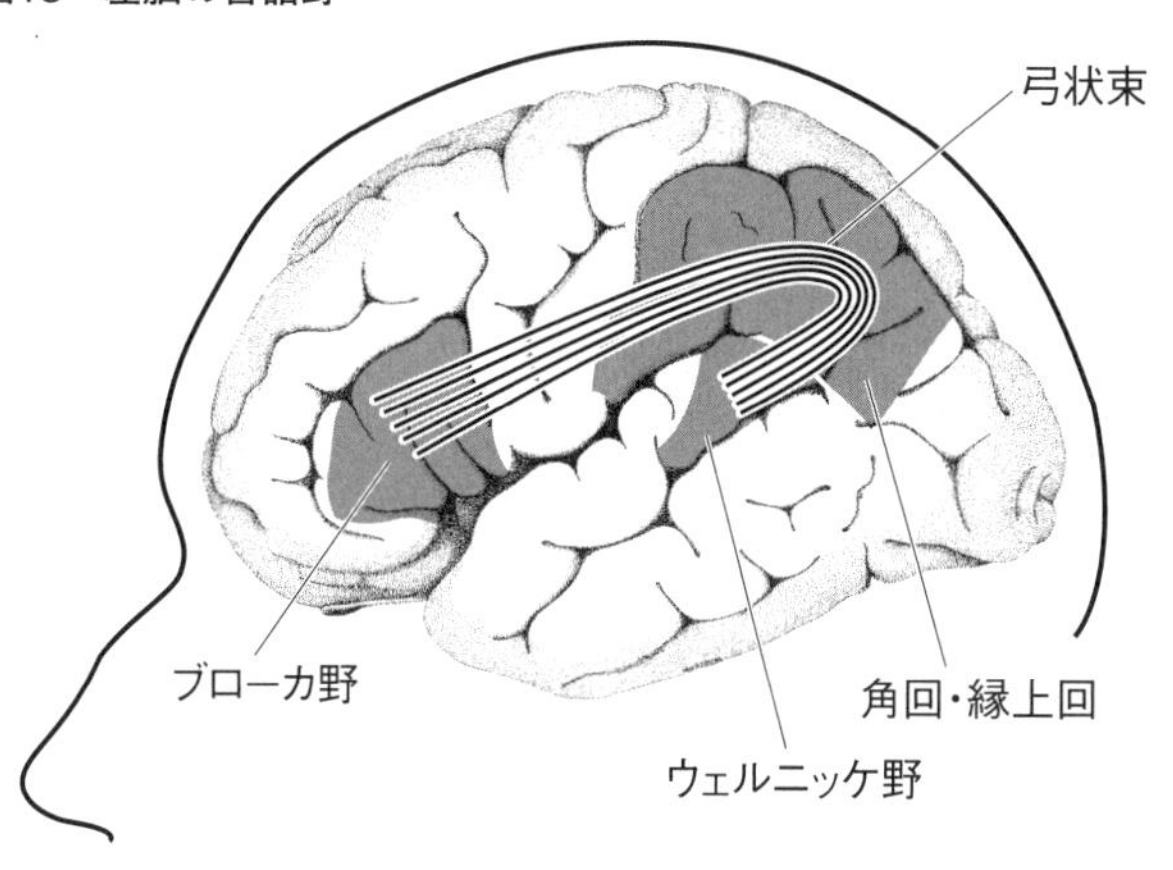

をコンピュータを介して脳に直接入力したり（人工視覚や人工内耳）、脳の反応から機械を操作したりするブレイン・マシン・インターフェース（BMI）の研究でも、注目されるのは脳の入力と出力ばかりだ。

失語症の中でも、発語（出力）の障害を「ブローカ失語」といい、理解（入力）の障害を「ウェルニッケ失語」と呼ぶことが多い。障害が起こる脳の場所は、それぞれ「ブローカ野」と「ウェルニッケ野」と呼ばれている（図18）。

一方、理解も発語も問題ないが、復唱ができなくなる「伝導失語」が知られており、入力と出力を結ぶルートの途中にある神経線維（「弓状束」と呼ばれる）の損傷が原因だと考えられている。

しかしこの古典的な枠組みの中には、不思議なことに文法の入る余地がないのだ。

実際には、「文法」の機能を失ったと考えられる症例は間違いなくあり、それに関する研究論文も確かに存在する。ところが、脳に言語をつかさどる部位がある（だから脳の損傷で失語症になる）ことは認めても、脳に「文法」をつかさどる部位があることには懐疑的な人がいまだに多い。

しかし文法に選択的な障害、すなわち「失文法」がある以上、人間の脳に「文法」をつかさどる中枢があることは疑いようがない事実である。このことは後で述べるように、私たちのチームの研究で実証されている。

文法は、「発話の合成と分析の間の関係については全く中立」であることを前に述べた（146ページ）。つまり文法は、入力された言葉を分析して理解するためだけにあるのでも、言葉を合成して出力するためだけにあるのでもない。同じ「装置」が、言語の理解と表出の両方に使われるのだ。

言語を自動車にたとえてみると、文法装置は車のエンジンに相当する。アクセルを踏むという入力によってエンジンの回転数が上がり、車輪を動かすという出力が生じる。逆にアクセルを踏まなければ、エンジンブレーキによって回転数が下がる。車を選ぶ時は車体

図19　脳の言語地図

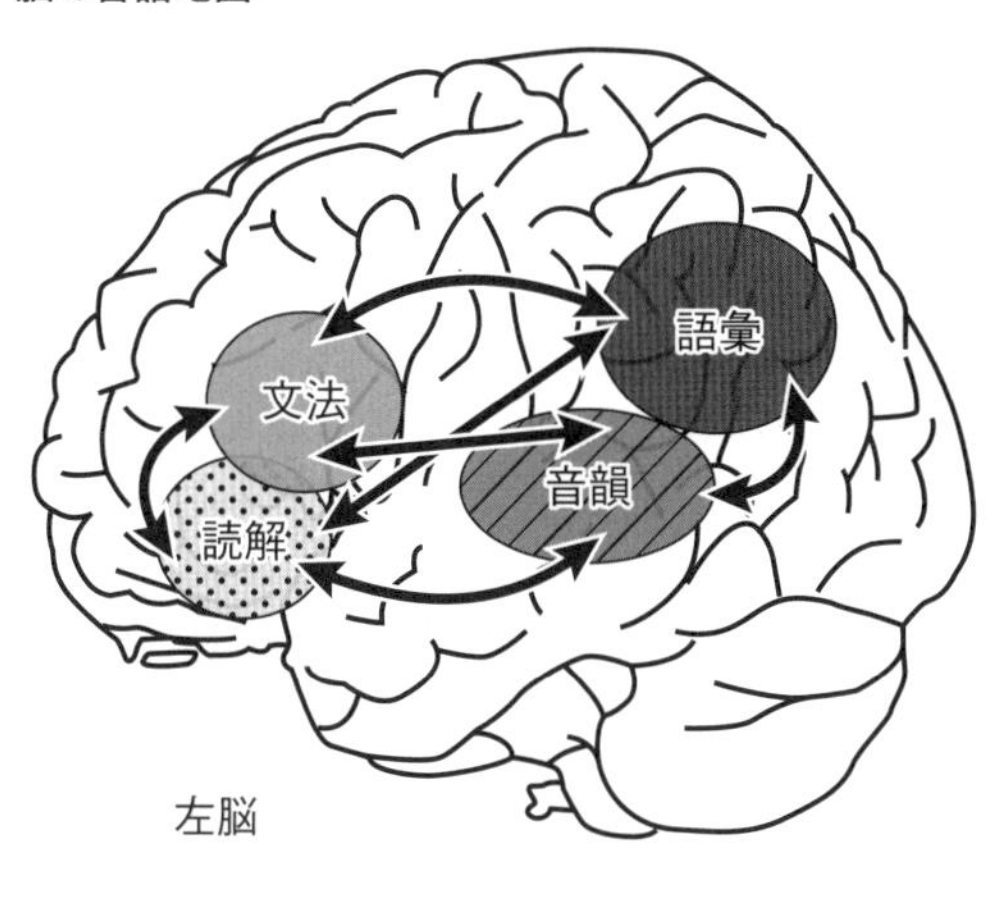

の色や形に目を奪われがちだが、肝心なのはなめらかに回転数を制御するエンジンの性能なのだ。エンジンのスペックを見れば、走行性や乗り心地などがだいたい分かる。そうしたエンジンと似て、言語活動の性能を陰で支えているのは脳の文法装置なのである。

脳の言語地図〜語彙・音韻・文法・読解の中枢

その「文法装置」なるエンジンは、脳のどこにあるのか。ｆＭＲＩなどの実験によって、言語を生み出す脳のメカニズムが明らかになってきた。**図19**に示した「脳の言語地図」は、主に私たちの研究結果に基づいて作成したものだ（"Language acquisition and brain development" by K. L. Sakai, *Science*, vol. 310, pp.815-819, 2005）。

図の左側が脳の前側で、文法装置は左脳の下前頭回（左下前頭回、ブローカ野を含む）と呼ばれる場所にある。これからはこの場所を「文法中枢」と呼ぶことにする。文の意味を理解する「読解」（文字を読む時だけでなく、音声や手話の入力も含める）の領域は文法中枢のすぐ腹側（下側）にあり、文法中枢と読解中枢で「前方言語野」を成している。文法判断は意味の理解から独立していることを説明したが（56ページ）、文法中枢も読解中枢とは異なる独自の役割を担う。

一方、「語彙」や「音韻」の中枢は、それぞれ左脳の角回・縁上回（**図18**）と上側頭回（ウェルニッケ野を含む）にあり、「後方言語野」を成している。後方言語野が音素や形態素などの要素的な情報を扱うため、その損傷によって言語入力の障害（ウェルニッケ失語）が目立つことになる。それぞれの中枢が独立して語彙・音韻・文法・読解を担当しながら、**図19**の矢印で示したように、この四つの領域間でお互いに情報がやり取りされている。後方言語野からの情報をもとに文を組み立てるのが前方言語野なので、その損傷によって言語出力の障害（ブローカ失語）が目立つと考えられる。

これら四つの領域がそれぞれ互いの情報を参照する順序は、かなり複雑になりうる。例えば英語の get や take といったよく使われる語彙は、英和辞典を引けば分かるとおり、きわめて多様な意味を持つ。文脈によって意味は変わるし、ほかの語句との組み合わせで「熟語」として特定の意味を持つこともある（例えば“take part in”で「～に参加する」）。さらに現在形・過去形・過去分詞などの文法的な活用変化も、時制（tense）・相（aspect）・法（modality）・態（voice）などの違いによって、意味や音韻（発音変化）を左右する。したがって、これら四つの中枢を正しく連携させる必要がある。

また、例えば文末の抑揚が上がれば疑問文だと判断できるように、文の音韻も意味を理解する上で重要だ。前に例として挙げた「土曜と日曜の午後」でも、語彙の意味↓音韻↓文法的な構造↓読解という情報の流れによって、土曜の午前中を含むかが決まる。

同音異義語では抑揚が変わる場合があるが、いつもそうとは限らない。例えば「選択」と「洗濯」では抑揚が同じだから、文脈で判断するしかない。「今日は天気がよかったので、スウェットシャツをせんたくした」としてみても、二重の意味が残るだろう。言葉の奥深さは、語彙・音韻・文法・読解という組み合わせの妙でもあるのだ。

入力と出力を超える「脳内コミュニケーション」

脳内の言語プロセスをブラックボックスと見なして表面的な入力と出力を見ているだけ

では、人間の脳にある「言語機能」を理解することにならない。このような脳内の情報のやり取り、すなわち「脳内コミュニケーション」と比べれば、他人との間で交わすコミュニケーション（入力と出力）は「氷山の一角」のようなものだ。

仮にもし脳内の言語活動をすべて他者に伝える「完全なコミュニケーション」を成立させようと思ったら、相手にも自分と同じ脳が必要になるだろう。ところがそのような場合、むしろ入力と出力の言葉がほとんどなくても事足りるに違いない。それは、入力と出力を超える「脳内コミュニケーション」が使えるためである。

これは決してSFの世界の話ではない。前述したように、一卵性双生児の兄弟は遺伝子と環境を共有した結果として、よく似た脳を持つことになる。そうすると、「脳―心―言語」という流れで、彼らは心と言語までもが似てくるわけだ。実際、私の脳研究に参加してくれた双生児の方たちは、とても高い「共感化」の能力を持っていた。お互いの表情を見れば何が言いたいのか見当がつくことが多いという彼らの「ツイントーク」の背景には、いわゆる以心伝心とか、阿吽（あうん）の呼吸がありそうだ。

第二言語の習得が難しい本当の理由

これまでの説明で明らかになったように、脳に対する入力と出力の間を結びつけるのが、「文法中枢」というエンジンなのだ。その性能は母語では生まれつき保証されていて、理屈抜きに使えるが、第二言語では熟練を要する。

文法を理屈で身につけてしまうと、第二言語の習得がさらに難しくなる可能性もある。例えば、主辞を後に置く日本語から、主辞を先に置く英語に切り替えるのは実に難しい。頭ではその理屈を理解しているつもりでも、次々と聞こえてくる英語に対して、その構造を考えながら主辞をひっくり返せるだろうか。または、次々と話をしなくてはいけない状況で、主辞を前に置きながら話を組み立てられるだろうか。これではエンジンが空回りするのも無理がないだろう。

しかも日本の典型的な英語の授業では、英文読解・英文法・英作文を別々に教わることで、語彙、音韻、文法、読解をそれぞれ断片的に覚えなくてはならない。それだけでも自然な言語習得とは言いがたいわけだが、なんとかその全体を一つにつなげていかないと、ネイティブ・スピーカーのような運用能力にはどうしても近づけない。もしもすべての言語が後天的な「学習」で身につけなければならない「技能」なら、そもそも母語からして使えない人が多くいても不思議はないはずだ。

母語の文法知識はほとんど意識されることがないが、いわゆる学校文法（国文法や英文法）は、そうした個別文法の中から整理しやすい規則性のごく一部を羅列したもので、氷山の一角にすぎない。ところがそのような「公式」をどんなに教育しても、それがどのような意味で文法となりうるのか、背後にある統辞構造のどのような要請によって規則が生じたのかはほとんど説明されない。数学の定理であれば証明を通して公式を覚えることも有意義だが、学校文法では根拠の薄いまま鵜呑みにするしかないのである。また、そうした公式を使うべき状況かどうかに気づかなければ、公式の記憶は役に立たないことになる。

例えば「三単現のｓ」という文法は、一般動詞を含む英語の文においてほとんど正しいが、定冠詞・不定冠詞・無冠詞の使い分けのように、「対象となる名詞が数えられるか」や「特定のものを指し示すか」という基準では十分に判断できない文法もある。アドホック（場当たり的）な経験則ではごく限られた例にしか適用できないのだ。その解明ができていない経験則の羅列を、教師は自信を持って生徒に教えられるだろうか。

自然な多言語習得を目指して

記述的妥当性や説明的妥当性（152ページ）を満たす言語理論を背後に持つような文

法を習得していれば、言語間で一般性や連関があるから、多言語で応用が利くものだ。実際、多言語話者は新たな言語を覚えるのが速いばかりか、一つの言語がうまくなると、別の言語も同時に連動して上達することが、言語交流研究所・ヒッポファミリークラブと私たちの共同研究から分かってきている。

詰まるところ、第二言語の文法も母語と同様に自然に身につけるのが理想である。そのためには、自然な発話に現れる同じフレーズを繰り返し聞けばよい。それは、繰り返される表現が脳への定着を促すからである。好きな歌を繰り返し聞くうちに、メロディーばかりか歌詞までも自然と覚えてしまうものだ。これは「門前の小僧習わぬ経を読む」のと同じ真理であり、実現はたやすいだろう。自分の好きな映画を繰り返し鑑賞したり、小説ならば朗読の音源をループで再生すればよい。限られた表現では不足ではないかと心配かもしれないが、意外と応用範囲は広いもので、覚えたのと類似した状況で自然な表現が使えるということが大きな自信となっていく。

脳からすれば、どんな言語が幼少時の環境にあって、母語として獲得されることになるかは分からない。すると脳は、自然言語である限りはどんな言語でも、そして複数の言葉でも受容できるようになっていなければならない。言い換えれば、人間の脳は初めから多言語を獲得できるようにデザインされているのだ。それは、バイリンガルやトライリンガルの存在はもちろん、多言語地域での第二言語習得の容易さからも示される事実である。

それから、「英語脳」というよく使われる言葉は、英語に特化した脳部位があるかのような誤解に基づくもので適切ではない。むしろ人間の脳の基本を「多言語脳」として、自然な多言語習得を目指したいものである。

脳の活動を「見る」fMRI

さて、「脳の言語地図」を示すところから本章の話を始めたが、それはどうやって分かってきたのか。これから脳研究の流れをさかのぼって、その説明をしていこう。

脳のどの部分にどのような働きがあるかを調べるために、昔からさまざまな研究がなされてきた。脳損傷の研究では、脳梗塞（こうそく）や脳出血が原因で生じる障害を調べることで、脳機能の因果関係が分かる。例えば手足などに麻痺が起きれば、損傷部位が運動や感覚に関係すると推定できるし、視野の一部が見えなくなれば、そこが視覚をつかさどる領域だと考えられる。先ほど説明した失語症でも、同様の研究が行われてきた。

動物では破壊実験といって、実験的に定めた脳損傷と機能障害の因果関係を調べることができるが、残念ながら動物には言語機能がない。一方、人間では自然に起こる脳損傷に限られるから、特定の機能に対応した損傷部位を定めることはできない。そうした脳研究のジレンマを解決して、研究を大きく前進させるブレイクスルーになったのが、MRIの技術である。

MRIを使えば、まず脳の形や損傷の位置を正確に「見る」ことができる。ただ、それだけならX線CT（computed tomography コンピュータ断層撮影）でもよいのでは、と思われるかもしれない。実はCTでは無理なのだが、MRIでは脳の活動を直接「見る」ことができるのだ。そこでMRIの開発史を簡単に振り返っておこう。

MRIは、原子核の核磁気共鳴という原理に基づいて作られている。これは強い磁場（時間的に変わらないので「静磁場」と呼ばれる）のもとで電磁波を与えると、原子核がそのエネルギーを吸収した後、再び同じ周波数の電磁波を放出するという現象である。ちょうど山びこが返ってくるようなもので、「エコー信号」と呼ばれる。この原理を応用して画像が得られることを着想したのがアメリカの化学者ポール・ラウターバーで、一九七三年のことだった（その三〇年後にあたる二〇〇三年には、MRIの高速撮影などの発展に貢献したピーター・マンスフィールドと共にノーベル生理学・医学賞を受賞している）。

ＭＲＩで画像を撮影する場合、細かいところまで解像していることが理想だが、解像度を上げると撮影にかかる時間も長くなるし、撮影中に像がぶれてしまわないように、頭をできるだけ動かさないようにしなくてはならない。脳全体をスキャンするには、一ミリ程度の高精細な画像で十数分、三ミリ程度の解像度で高速のシーケンスを使えば二秒ほどで終わる。

一九九〇年になって、当時アメリカのベル研究所にいた小川誠二先生が、血液中の酸素濃度が下がるとＭＲＩ信号が減ることを見出して、Blood Oxygenation Level Dependent（血中酸素化レベル依存）の頭文字から「ＢＯＬＤ効果」と名付けた。本人曰く「大胆な bold」命名であった。

これが脳機能を調べるｆＭＲＩの基礎原理である。ニューロンの発火（電気的興奮）によってその周辺の血流（局所血流量と呼ばれる）が増えると、血液中の酸素濃度が上がって、特異的な磁性を持った脱酸素化ヘモグロビンが減るため、ＭＲＩ信号が回復する。

この仕組みによって、ｆＭＲＩを使うと脳のある部位（領域）が活動した状態を捉えることができる。その変化を経時的に追うことで、どの部位がどの程度反応したかが分かるのだ。

脳のある部位のMRI信号（数値化された量）が、統計学的に意味のある（測定や個人差などの誤差を考慮した）変化をしたということを示すには、最低限二つの条件（実験条件と対照条件）におけるMRI信号を比較すればよい。この手法のことを「差分法」と呼び、「実験条件－対照条件」のように－（マイナス記号）を用いて「引き算」で表される。ただし、その脳部位がどんな要因に反応したかは実験者が「解釈」しなくてはならない。複数の要因が含まれる可能性があるから、解釈には慎重を要する。

一九九一年から翌年にかけて、fMRIを初めて人間に使った実験が報告され、私もその翌年から日本で初めてfMRIの実験を開始した。人間での本格的な脳研究を可能とする、待ち望まれた技術だと直感したためだった。なお、手法の名前はfMRIでも、使用するのはあくまでMRI装置だから、「fMRI装置」と呼ぶのは間違いである。

言語能力と認知能力をどう区別するか

チョムスキー理論の実証を目指す私たちにとって、fMRIを使った実験の最初の重要課題は、人間が「文法」を使う時に特異的に活動する脳部位があるはずだという仮説を立て、それを証明することだった。そのためには、「意味」などのほかの要因をいかに分離するかが腕の見せどころとなる。

さらに実験では、「言語能力」と「認知能力」を区別する工夫をしなければならない。こちらはさらに難しい。例えば記憶力がよい人は、語彙や言い回しをすぐに覚えられるので、言語能力が高いと思われがちだ。本人もそう信じて疑わないかもしれない。しかし、記憶という認知能力は言語能力と相関するとは限らない。文章の深い読みや、読み手を感動させるような筆の力は、記憶力だけで身につくものではないからだ。

私たちの研究の背景にも、この「言語能力か認知能力か」という問題が横たわっていた。というのも、先ほどの「脳の言語地図」で示した「文法中枢」は、認知脳科学の分野では「短期記憶（ワーキングメモリー）」に関係した場所とする報告が、きわめて多いからだ。fMRIの言語実験でその領域が活動した時は、文法と短期記憶を区別する工夫をしなければならない。

短期記憶とは、見聞きしたものを少しの間だけ覚える記憶である。これは認知能力の一つであって、言語能力ではない。実際、言語能力がなくても短期記憶を持つ動物はいくらでもいる。もし言語能力と認知能力を区別しなかったら、「猿も人間と同じような認知能力（例えば短期記憶）を持つのだから、言語を使える可能性がある」という話になってしまう。はじめに述べたように、猿や類人猿の研究者は動物と人間に共通した能力に注目しがちだ。実際彼らは、チンパンジーやゴリラに手話単語や絵文字を覚えさせる実験を繰り返し行ってきたのだ。

しかし前章で述べたとおり、猿が覚えられる「言葉」は人間の言語とは構造の点で明らかな違いがある。動物の情報伝達は、ミンミンゼミの鳴き声と同じ有限状態オートマトンにすぎず、自然言語とは明確に区別される。したがって、私たちの実験でも、「猿でもできること」と「人間だけが持つ言語の能力」を区別して、文法の存在を明らかにしなければいけない。

ところが一般的には、「人間が猿と違う能力を持つ」のは当たり前と見なされがちで、逆に「猿が人間に近い能力を持っている」という知見は、科学上の発見として広く関心を持たれるという風潮がある。しかしこれは、犬が人を噛んでもニュースにならないが、「人が犬を噛めばニュースになる」というのと何ら変わらない。科学的発見の価値は、ニュース性と切り離して考える必要がある。

猿と人間を同一視するドグマに限らず、そもそも人間の認知能力と言語能力を区別しない学説もある。これは、言語能力が認知能力の一つにすぎないと主張するもので、チョムスキー理論とは相容れない。

実際、この二つの学説の間には、四〇年来の激しい論争がある。一九七五年にパリで行われたシンポジウムで、スイスの発達心理学者ピアジェが、チョムスキーに論争を挑んだのだ。児童心理学や教育学に影響を与えたピアジェは、言語獲得が一般的な発達学習の原理と枠組みで説明できると主張して、チョムスキーによる言語の生得説と対立した。

これに対しチョムスキーは、盲目の子どもたちが視覚を通した認知能力に制限を受けているにもかかわらず、言語能力はむしろ優れていることなどを指摘した。ピアジェの説では認知能力（低次の感覚から高次の知能まで）がすべて同調して発達するはずなので、そうした視覚や言語のような入力（モダリティ）ごとに異なる発達は説明できない。またピアジェの説では、本書の前半で紹介した「プラトンの問題」にも答えられないのだ。

もし子どもが類推や抽象化（時制や人称などの概念化）に基づく推論能力を十分身につけた結果として言語が獲得されるなら、小学校に上がっても言葉はほとんど話せないことだろう。ところが、子どもは三歳頃には話ができるようになるものだ。言語が認知機能と同調して発達するわけではないのである。

文法判断と短期記憶を比較した実験

それでは、私たちのfMRI実験の中から、「文法中枢」を特定した研究を一つ紹介しよう（"Specialization in the left prefrontal cortex for sentence comprehension" by R. Hashimoto & K. L. Sakai, *Neuron*, vol. 35, pp.589-597, 2002）。実験の具体的な方法は次のとおりだ。

日本語を母語とする一般の参加者（一八～三七歳）は、ディスプレイ上に表示される文を読みながら、言語課題に対して解答した。実際に使った文例を示そう。

太郎は　三郎が　彼を　ほめると　思う

このような文は一度に見せるのではなく、図20のように文節ごとに順に提示する。文中には、いつも固有名詞二つ、動詞二つ、そして代名詞一つが含まれている。そして、二つある動詞の一方にアンダーラインが引いてある。参加者には、文を読みながらアンダーライン付きの動詞を見落とさないようあらかじめ指示してある。

その後で、この文に含まれる名詞と動詞（アンダーライン付き）のペアを示して、そのペアの対応が正しいかどうかを質問する。参加者は、手元のボタンで◯か×の一方を選ん

図20　文法（syntax）判断課題その1（SYN-1）

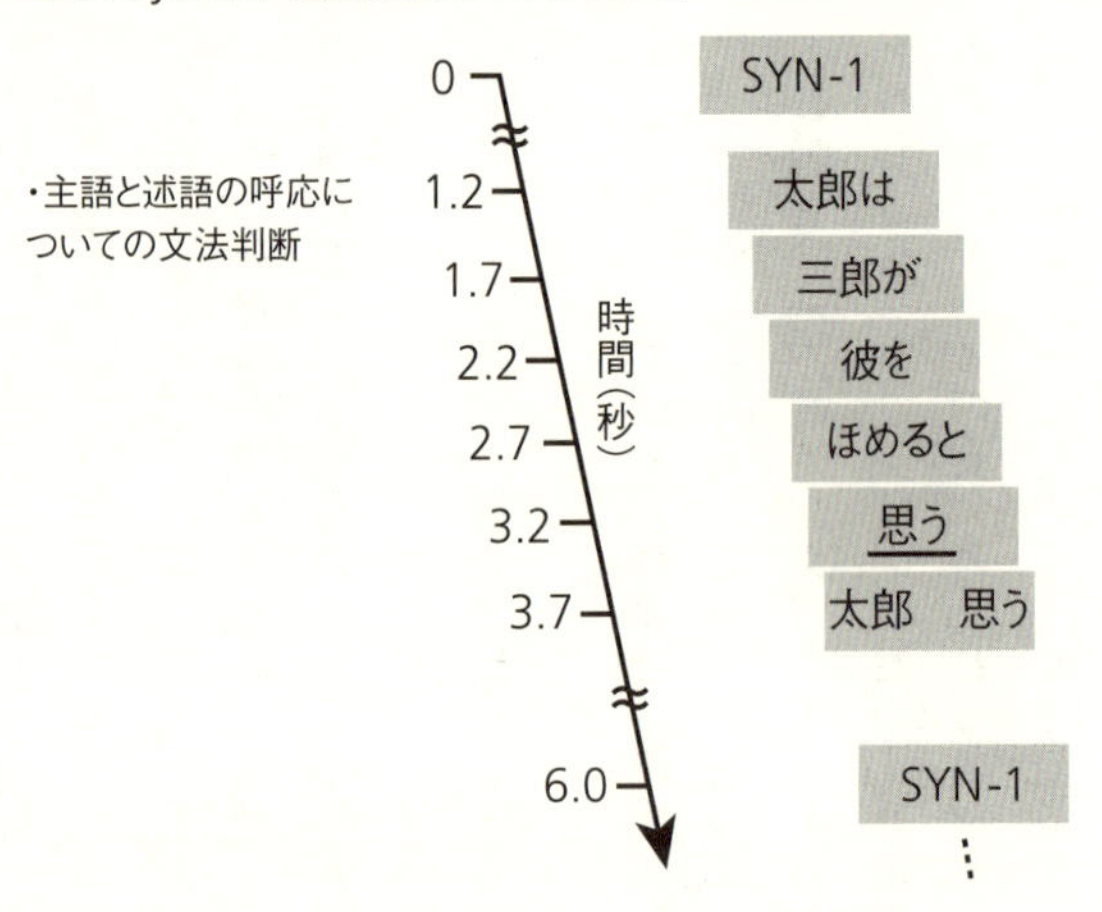

図21　文法（syntax）判断課題その2（SYN-2）

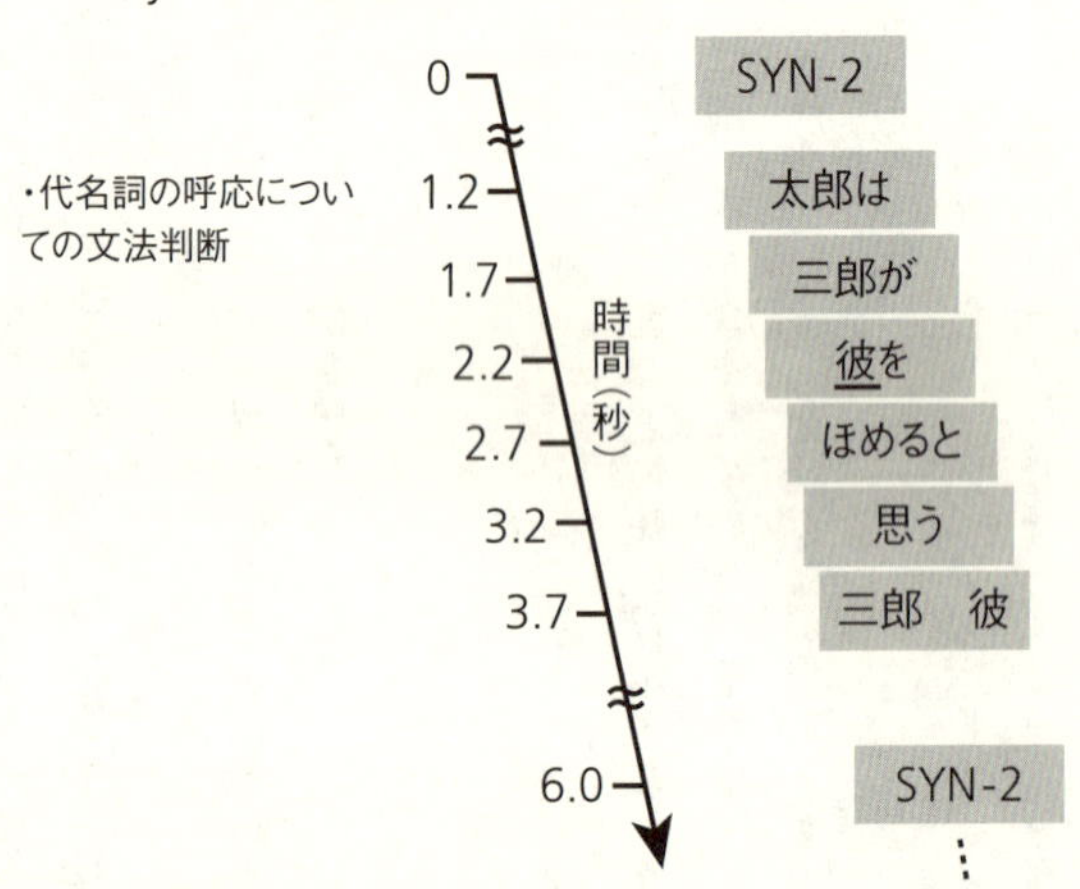

で解答する。「太郎　思う」と出たら○、「三郎　思う」と出たら×が正解だ。以上が「文法判断課題その1（各試行の開始の合図として課題名 SYN-1 を毎回提示した）」であり、六秒毎に繰り返した。

この例文は前述の「埋め込み文」で、「太郎は　思う」という文の中に、「三郎が　彼をほめる」という別の文が埋め込まれている。これら二ペアの主語と述語の呼応は、日本語の文法を知らなければ分からない。つまり、この問題を正しく解答できた人は、確かに文法判断を行っていることになる。

さらに、その文法判断は、語彙や文の意味判断とは独立したものだ。なぜなら、例えば「太郎」や「三郎」には、「ほめる」や「思う」という動詞のどちらかと結びつく必然性がないため、意味判断では問題を解くことができないからだ。つまりこの実験では、文法によって文の構造を理解する必要があるため、文法の計算を担う文法中枢が活動するに違いない。

続いて、「文法判断課題その2（SYN-2）」を説明しよう。**図21**のように、今度は「彼」にアンダーラインが引いてある。これは「この代名詞が誰を指しうるか」を問う問題で、やはり文の構造を理解する必要がある。先ほどの「文法判断課題その1」とは違った呼応について問うことで、文法中枢の活動を確実に捉えるというねらいがある。

文を提示した後で、この文に含まれる名詞と代名詞（アンダーライン付き）のペアを示して、そのペアの対応が正しいかどうかを質問する。「太郎　彼」と出たら○、「三郎　彼」と出たら×を押せば正解である。例文の「彼」は、太郎と三郎以外の第三者である可能性もあるが、太郎を指しうるけれども三郎は指しえない。

次は「文の短期記憶課題（STM-S）」である。今度は、提示された語句の順序を記憶する問題だが、二つの文法判断課題で用いたのと同じ文のセットを使う。文を提示した後で、この文に連続して含まれる二つの語句（一方はアンダーライン付き）のペアを示して、そのペアの順序が提示された文と同じかどうかを質問する（図22）。「三郎が　彼を」と出たら○、「彼を　三郎が」と出たら×を押せば正解である。

これは文法判断をさせる問題ではなく、解答に必要なのは少し前に見た語句の順序であり、「短期記憶」を試している。この課題では文を提示しているため、自動的に文の構造が計算されると考えられ、そうした際の文処理だけで脳活動が現れるかを確かめたかった。

そこで最後に、「語句の短期記憶課題（STM-W）」をテストした。今度も提示された語句の順序を記憶する問題だが、「彼に　太郎に　三郎に　思う　ほめると」のように、こ

図22　文(sentence)の短期記憶(short-term memory)課題(STM-S)

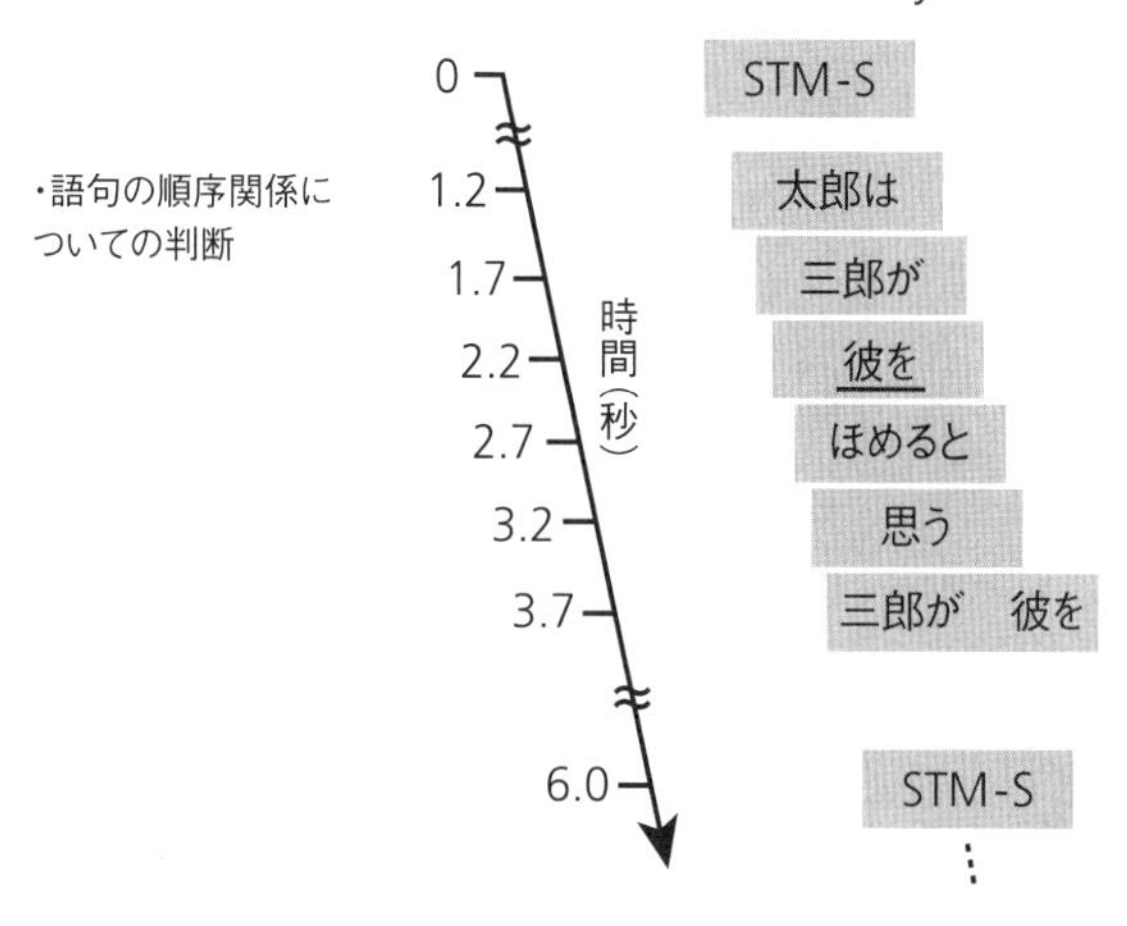

図23　語句(words)の短期記憶(short-term memory)課題(STM-W)

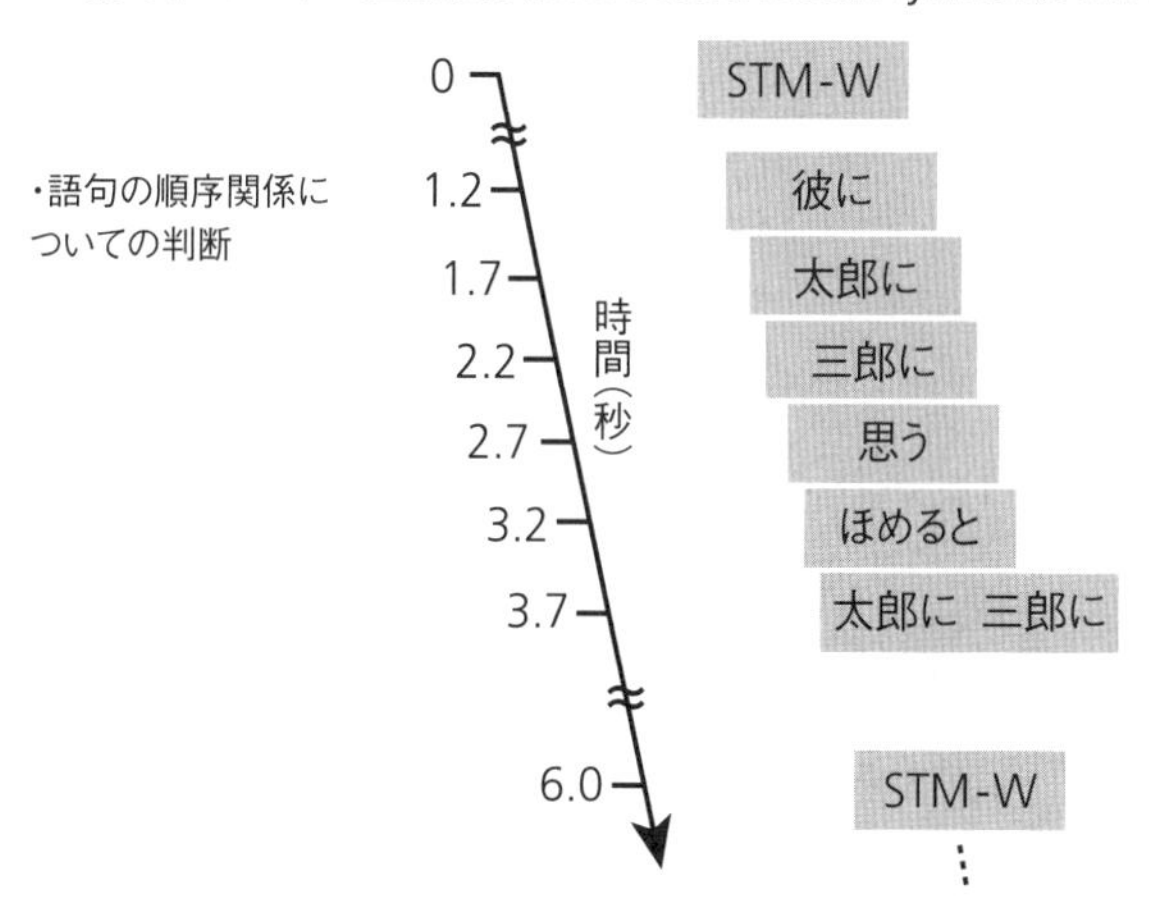

の課題のみ文ではなく、語句のリストとして提示した。リスト中では助詞を「に」か「を」の一方に統一してあり、あえて文としては成り立たない組み合わせにしてある。質問や解答のしかたは先ほどの文の短期記憶課題と同じである（図23）。

この最後の課題は、脈絡のない順序を覚えなくてはならないのでかなり難しい。しかし文字の代わりに図形を使えば、これは猿にもできる課題なのである。ニホンザルで記憶の研究をやっていた私の経験からも、猿が正確な順序の記憶を持つことは確かだ。それでも人間にとって、四つの課題の中ではこの「語句の短期記憶課題」が最も正答率が低かった。

つまり、先ほどの「文の短期記憶課題」で想定した文構造の自動計算を明らかにするためにも、「語句の短期記憶課題」という文の要素を極力含まない対照条件（197ページ）を加えておく必要があった。また、この条件を含めたのには、言語とは直接関係ない短期記憶の負荷や課題の難しさだけで脳活動が増える、という可能性を除く別の目的もあったのだ。

短期記憶では説明できない「文法中枢」

今説明したように、二つの短期記憶課題に予想したような違いがあるなら、それぞれの

図24　文構造の自動計算に関わる脳活動

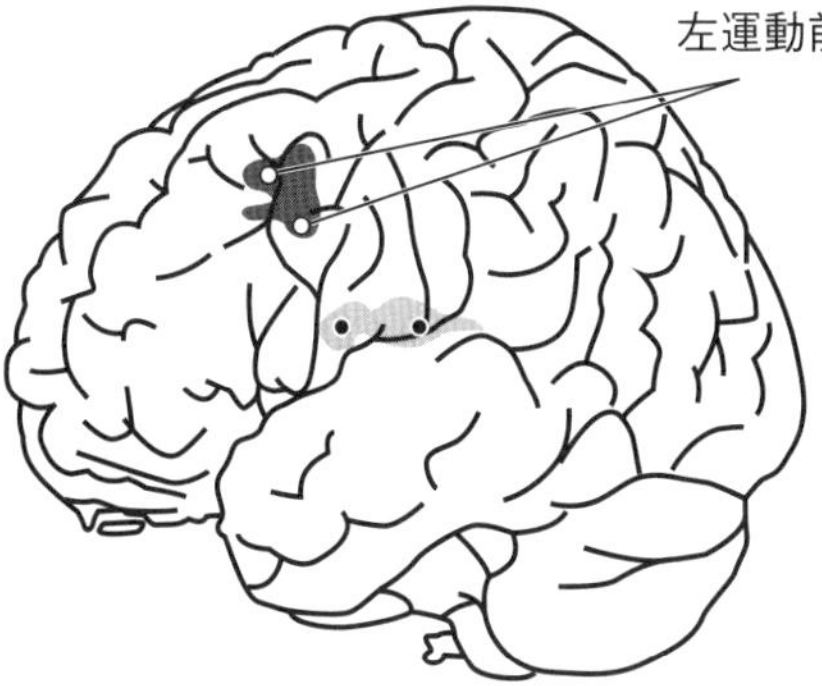

[文の短期記憶課題 － 語句の短期記憶課題]で活動が上昇した場所
[語句の短期記憶課題 － 文の短期記憶課題]で活動が上昇した場所

脳活動は異なるはずである。

図24はＭＲＩ画像（参加者全員の結果を平均したもの）をイラスト化したもので、「文の短期記憶課題」での脳活動から「語句の短期記憶課題」での脳活動を差し引くことによって、前者の「文の短期記憶課題」の時に選択的に活動が上昇した場所が分かる。この比較を「文の短期記憶課題－語句の短期記憶課題」のように、１９７ページで説明した「引き算」で表そう。その比較の結果、左脳の前頭葉の一部（左運動前野外側部、図では左の濃い網掛けのほう）に、強い活動が見つかった。

逆に最も難しい課題による負荷を反映した「語句の短期記憶課題－文の短期記憶課題」の比較では、全く異なる所で活動が上昇した（**図24**では右の薄い網掛けのほう）。したがって、先ほどの左運動前野外側部の活動は、短期記憶の負荷や課題の難しさではなく、文構造の自動計算を反映すると考えられる。

また、「文法判断課題－語句の短期記憶課題」という比較では、文法判断に選択的に関わる領域が明らかとなった（図25上段）。この比較では、図20と図21で説明した二つの「文法判断課題」での脳活動をあわせている。すると、先ほどの「文の短期記憶課題－語句の短期記憶課題」の比較で見つかった左運動前野外側部に加えて、そのすぐ腹側（下側）にある左下前頭回（188ページ）にまで活動が広がっていることが明らかとなった。

さらに「文法判断課題－文の短期記憶課題」という比較でも、左運動前野外側部と左下前頭回の両方に活動が認められた（図25下段）。比較対象の課題ではすべて同じ文のセットを読んでいることから、読むことによる音韻処理の脳活動に差はない。また、観察された脳活動の上昇は、語彙や読解によるものでもなく、文構造の自動計算を上回る、文法判断の効果だと考えられる。

以上のような比較により、文法判断に中心的に関わる左下前頭回に加えて、文構造の自動計算などで補助的に働く左運動前野外側部が文法中枢にほかならないと結論づけた。人間の脳には、短期記憶だけでは説明できない「文法中枢」が確かに存在するのだ。しかも

図25　文法判断に選択的に関わる脳の領域

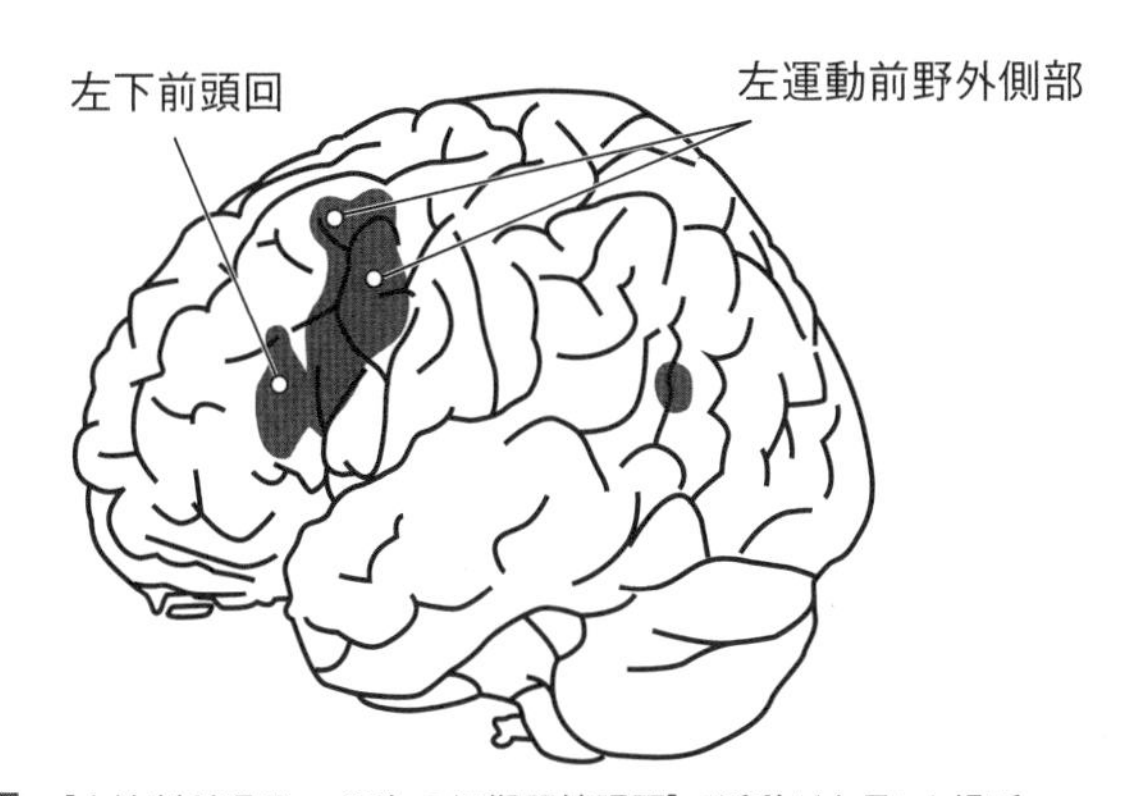

[文法判断課題 − 語句の短期記憶課題]で活動が上昇した場所

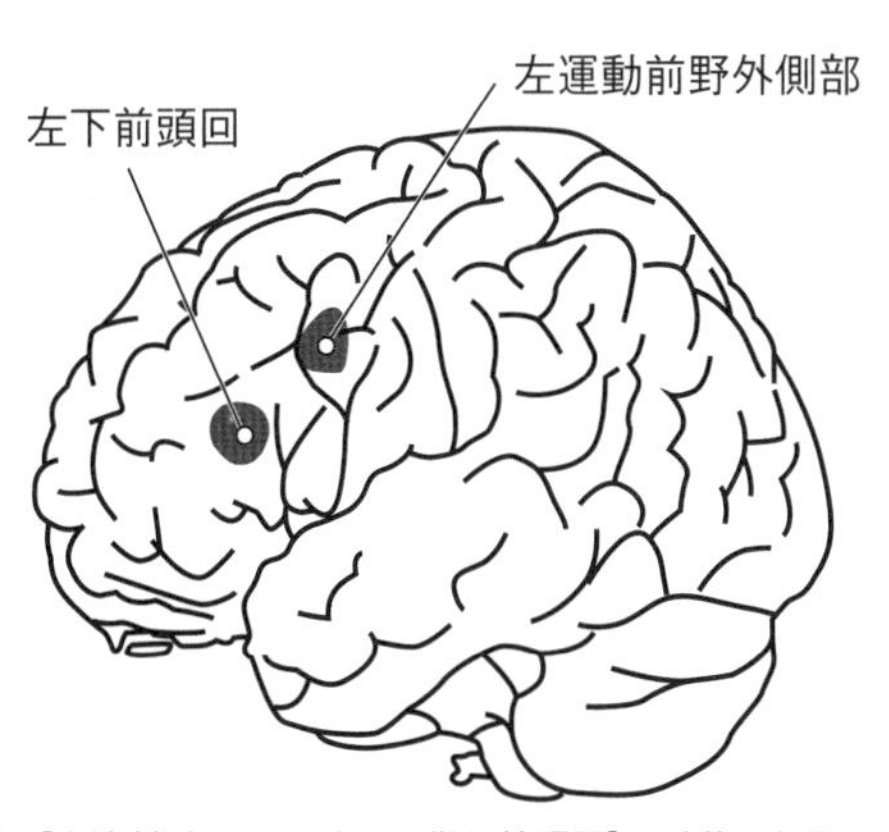

[文法判断課題 − 文の短期記憶課題]で活動が上昇した場所

文法中枢は、左脳の前頭葉に少なくとも二つある。

また、猿でもできる短期記憶と比べて、人間の言語活動は本質的に異なることが脳科学から実証された。つまりこの実験は、人間だけに備わる脳の働きを初めて明らかにしたことになる。

チョムスキー理論の新提案「併合」

前章で『統辞構造論』の〈第6章〉「言語理論の目標について」を取り上げた際、「ミニマリスト・プログラム」について述べたが、私たちの最近の実験は、そこで扱われている「併合」という概念に関わるものだ。「ミニマリスト・プログラム」は、その名のとおり、必要最小限の理論で言語現象を説明しようとする試み、あるいは企てであって、完成した理論というわけではない。「そういう方向を目指して進もう」という提言だと言える。

この「併合」とは、二つの対象を一つにまとめる操作のことだ。併合の適用対象を「統辞体 syntactic object」といい、主辞から句、文まですべてを含む。「本を読む」は、「本を」という名詞句に「読む」という動詞を併合してできる動詞句だ。さらに、「太郎が」という名詞句に「本を読む」という動詞句を併合して、「太郎が本を読む」という文ができあがる。前に説明したような「二股の分岐」から成るような文の木構造は、この「併合」という操作を繰り返すことで生み出されるわけだ。

また、文中の述語には、それに呼応する主語がある（日本語やイタリア語などでは、主語が省略されることもある）。そうした主語と述語のように、二つの対象の呼応を行う操作のことを「探索 Search」と呼ぶ。英語のように、言語によっては主語の人称や数に対して、動詞の活用を一致させる必要があり、この「探索」が重要な働きをする。

複雑な木構造ほど「併合度」は深い

次の研究プロジェクトとして、木構造の複雑さを数値化することで、その指標が脳活動に反映されるかどうかを確かめることにした。上智大学の福井直樹氏との共同研究で、私たちは「併合」の深さ、すなわち「併合度」という新たな概念を提案した（"Syntactic computation in the human brain: The Degree of Merger as a key factor" by S. Ohta, N. Fukui & K. L. Sakai, *PLOS ONE*, vol. 8, e56230, pp.1-16, 2013）。その着想をイメージ化したのが、**図26**である。

図では、これまで説明してきた文の木構造の上下をひっくり返して、元の「木」に戻してある。まず、枝分かれのしていない木の幹を0とする。そして一回枝分かれするたびに、

図26　木構造の複雑さを測る“併合度”

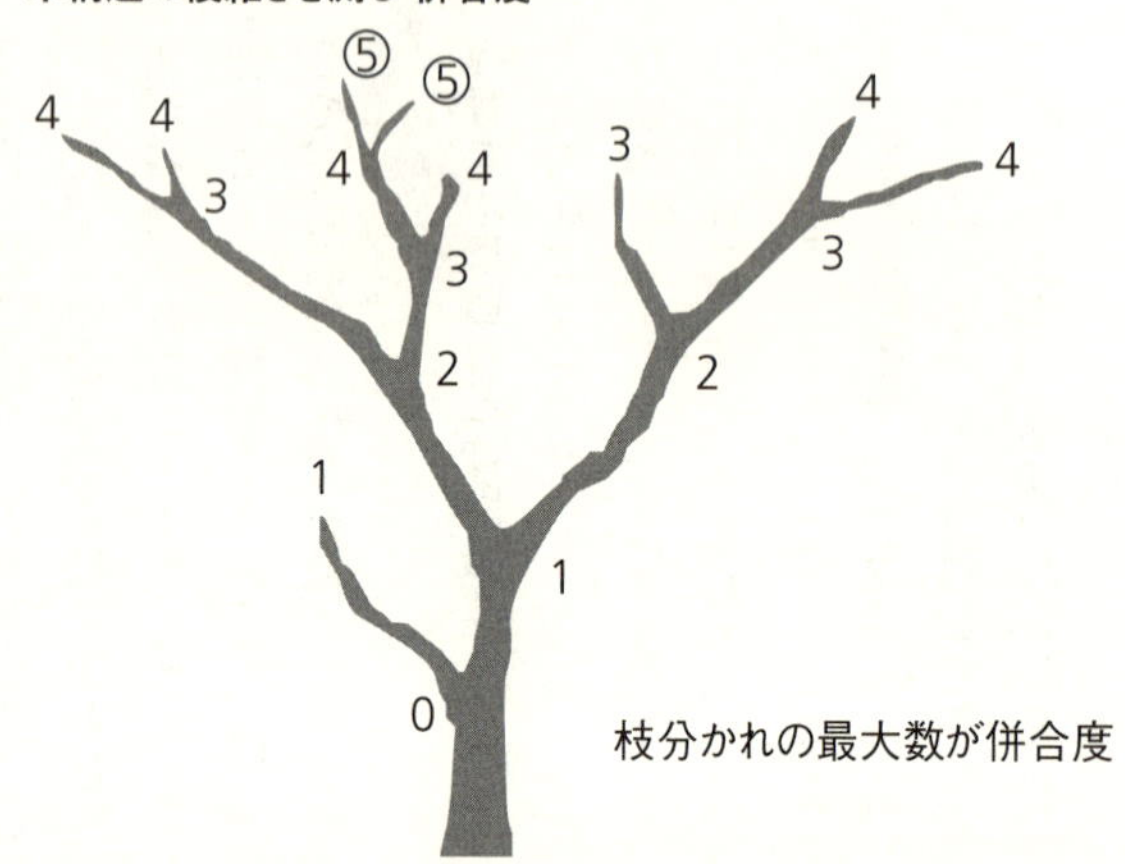

枝分かれの最大数が併合度

その枝の先に数字を一つずつ増やしていく。この数字が大きいほど、枝分かれが深くなる。「併合度」は、この枝分かれの最大数を表す（この**図26**では5）。

それを具体的な例文に当てはめたのが**図27**である。「太郎が　花子が　歌うと　思う」という埋め込み文の木構造を見てみよう。一番上に文の始点をゼロとして、先ほどの要領で順に数字を増やしていくと、この文の併合度は3となる。

以上の枝分かれの過程を逆にたどってみよう。まず「花子が」と「歌う」が併合度2の節点で併合されて、「花子が　歌う」という文を作る。次に、その文が併合度1の節点で「思う」と併合されて、「花子が　歌うと　思う」という動詞句を作る。最後に、その動詞句が併合度0の始点で、

図27　木構造のタイプと併合度

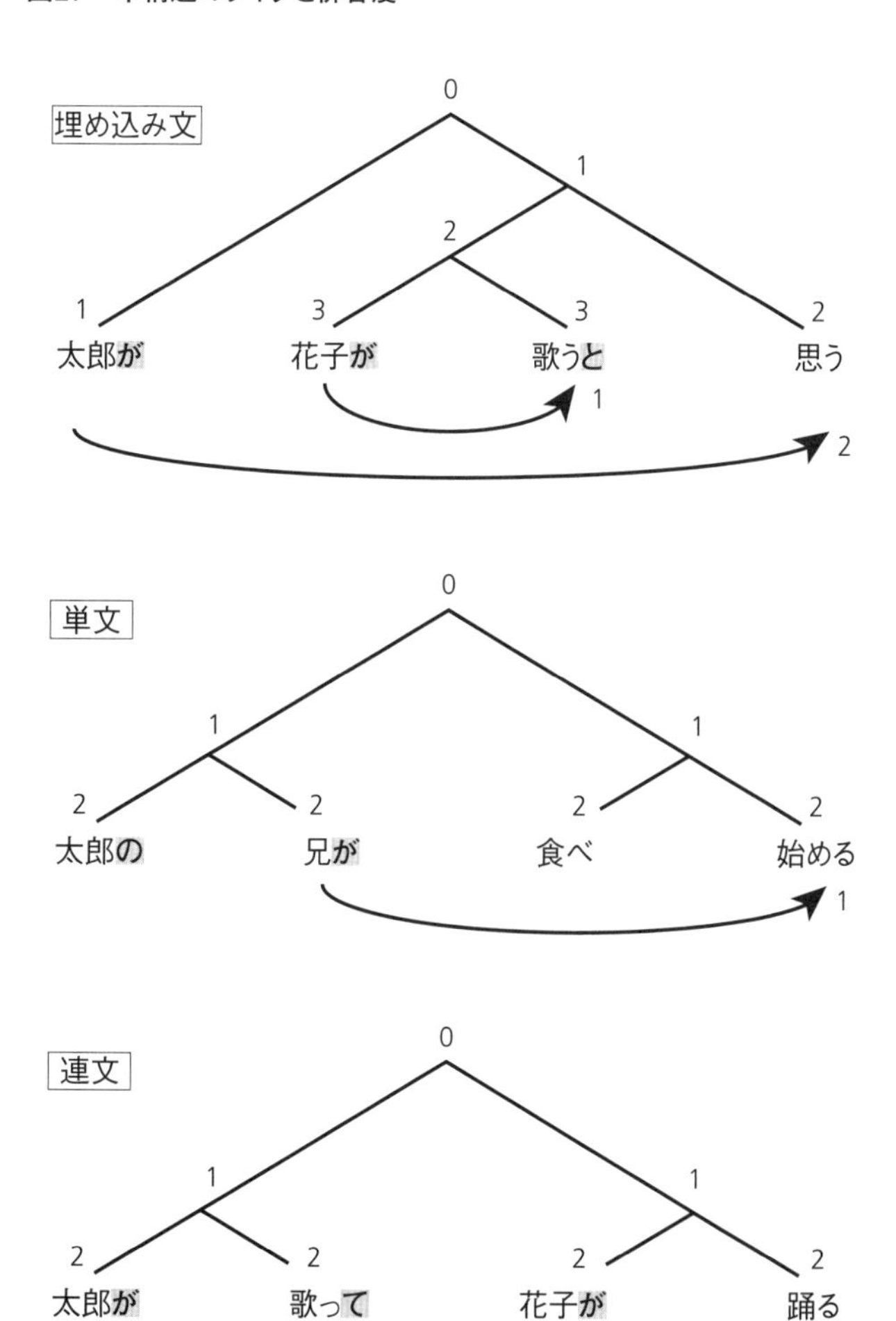

※木構造の数字は併合度を表し、矢印の数字は探索数を表す

主語である「太郎が」と併合されて、一つの文になるわけだ。

次の「太郎の　兄が　食べ　始める」という単文では、先ほどと語数や「名詞・名詞・動詞・動詞」という語順は同じだが、今度は併合度が2となっている。なぜなら、「太郎の」と「兄が」や、「食べ」と「始める」は、それぞれ併合度1の節点で先に併合され、両者が一番上で併合されて一つの文になるからだ。

先ほど、主語と述語を呼応させる操作のことを「探索」と呼んだが、それぞれの木構造の下に書かれた矢印はその探索を表す（探索は統辞法におけるほかの演算と同様で、木構造に基づいて行われるが、ここでは便宜上、構造の下に矢印を書いておく）。この実験では、探索する回数（探索数）だけを問題にしている。上の埋め込み文では、「太郎が　思う」と「花子が　歌う」で探索数は2となり、次の単文では、「兄が　始める」で探索数は1である。

さて、併合度が単文と同じでも、探索数を増やすことができる。それが、図の一番下の「太郎が　歌って　花子が　踊る」という連文だ。併合度は上の単文と同じく2だが、文が二つ含まれるので探索数は2となる。単文と連文では、併合度が同じだが探索数が異なる。また埋め込み文と連文では、探索数は同じだが併合度が異なる。つまりこれら三つの文型により、併合度と探索数を独立して変えることができた。

さらに一回の探索でも、主語と述語間の距離が遠いほど、短期記憶の負荷が大きくなる。上の埋め込み文では、「花子が　歌う」という探索よりも、「太郎が　思う」という探索のほうが、短期記憶の負荷が大きい。このように、記憶の負荷なども数値化できるのが、このモデルの利点である。

さらに工夫した「ジャバウォッキー文」

こうした木構造の性質を踏まえた上で、脳の文法機能をより厳密に測定する実験を考案した（211ページ、引用論文）。ここで重視したのは、「意味」を完全に排除することだった。「太郎が思う」「花子が歌う」といった意味のある文を参加者に読ませると、「読解」の要因を避けられない。それに、参加者が「太郎」や「花子」という実在の人物を想起すると、そうした余分な情報が脳に何らかの反応を生じさせるかもしれない。

そこで工夫したのが、無意味な語句を並べた「ジャバウォッキー文」で、ルイス・キャロルが『鏡の国のアリス』で使ったことで有名になったものである。ただし、日本語の助詞や動詞の活用、そして主語と述語の呼応を保つことで、文の統辞構造が保たれている。

その証拠に、日本語の普通の文と全く同じ抑揚で読むことができるから、試してみていただきたい。実際に使った例を挙げよう。それぞれ、四語条件と六語条件を示す。

（1）埋め込み文「ざざが よよが きこると せさる」
「ざざが どどが ぐぐが せすると てとると きかる」

（2）単文「ざざの どどが ひひ てとる」
「ざざの どどの ぐぐが せせ てつって きくる」

（3）連文「ざざが きかって よよが てとる」
「ざざが せさって どどが てとって ぐぐが きくる」

四語条件はそれぞれ先ほどの図27の例文と対応しており、木構造なども全く同じになっている（図28）。何も知らずにこれを聞かされたら、「どこの方言だろうか」と思うかもしれない。実際、全く知らない日本語の方言を聞いても、それは外国語の意味不明さとは違うだろう。たとえ意味は分からなくても、統辞構造が馴染みのあるものならば「日本語」であると感じられる可能性が高い。

図28　ジャバウォッキー文の併合度と探索数

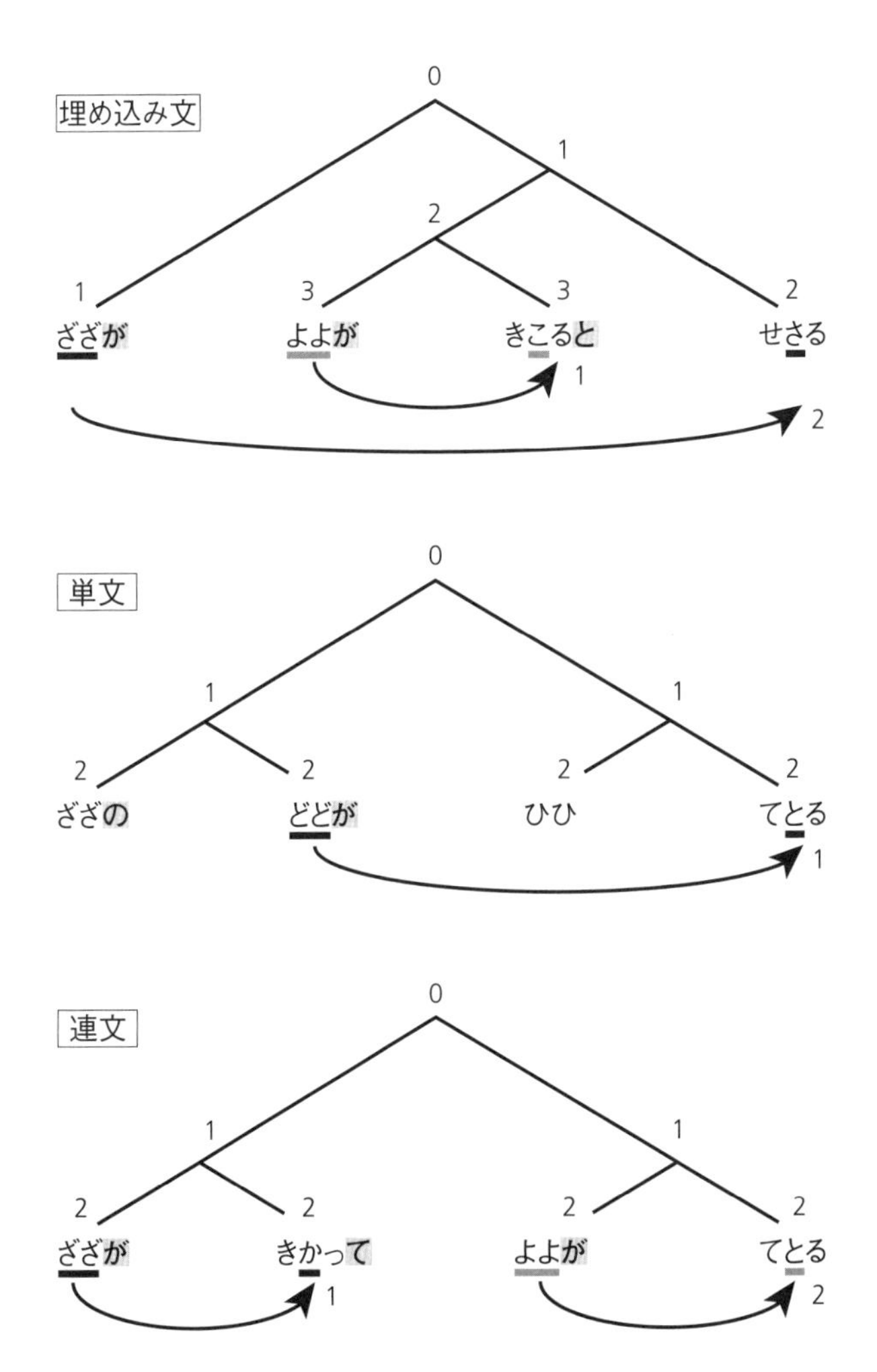

※木構造の数字は併合度を表し、矢印の数字は探索数を表す。
　呼応する主語と述語には同じ母音が含まれるとする

この実験では、参加者が主語と述語の呼応を正しく理解していることを確かめるために、始めに少し練習を要するが、「母音調和」という課題を課した。呼応する主語と述語には、同じ母音が含まれるようにしたのである。例えば「ざざが　せさる」では、「ざざ」と「せさる」に同じ「ア」という母音が含まれ、「よよが　きこる」では、「よよ」と「きこる」に同じ「オ」という母音が含まれる。そこで、呼応する主語と述語に同じ母音が含まれない場合は、非文と判定させた。四語条件で非文の例を挙げよう。

(1') 埋め込み文「*ざざが　よよが　きこると　せそる」
(2') 単文「*ざざの　どどが　ひひ　てたる」
(3') 連文「*ざざが　きこって　よよが　てとる」

文型が定まらない限りこうした文法判断はできないから、日本語の母語話者がこの課題を正しく行えば、自然に（自動的に）木構造を作ると考えられる。なお実験では四語から成る三つの文型の文に加えて、六語の文も用いることで、併合度と探索数を増やした効果も調べた。

併合度の予想値と見事に一致した実験結果

実はこの実験デザインに至るまでには紆余曲折があった。当初は自然な刺激を重視して音声を聞かせる形にしたのだが、参加者がイントネーションなどの音韻を手がかりにして判断しているという可能性を除けなかった。音韻など、文法以外の可能性をすべて排除しなくては、正しい結論が得られないのだ。そこで、文はすべて文字で文節ごとに提示するように変更した。

先ほど紹介した文法中枢を特定する実験では、「彼に　太郎に　三郎に　思う　ほめると」のように、文法のない文字列で短期記憶だけを見るテストもしたが、今回の実験でも、文法的に最小限の構造であるが記憶の負荷の高い文字列（埋め込み文と同程度）を対照条件としてテストした。

図29の「がむむ　るこき　るこき　がむむ」は前半と後半が逆順の文字列となっていて、前章で説明した「鏡像言語」である。「らがら　るそせ　らがら　るそせ」は、前半と後半が同順の文字列で、「コピー言語」の一例だ。遠く離れた探索を含む鏡像言語のほうが、コピー言語よりも短期記憶の負荷が高い。

これら二条件のどちらも探索数は2であるが（図中の矢印）、併合度は最低の1にとど

図29　文法的には最小限の構造であるが記憶の負荷の高い文字列

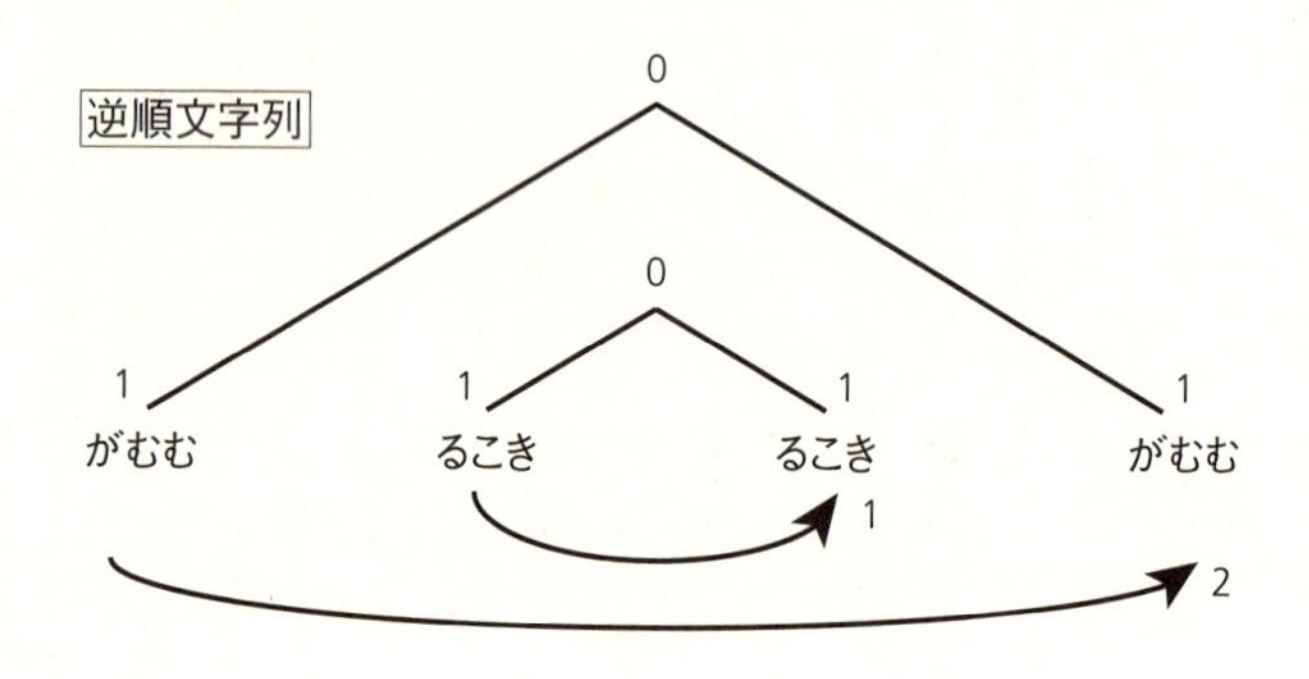

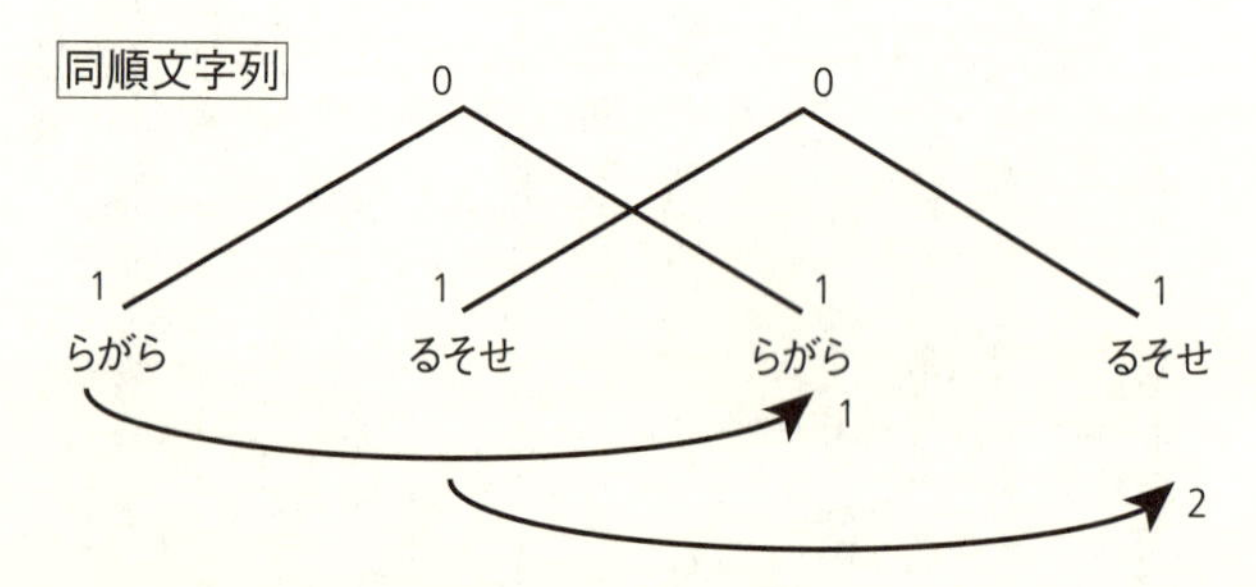

※木構造の数字は併合度を表し、矢印の数字は探索数を表す

図30　併合度による脳活動の上昇

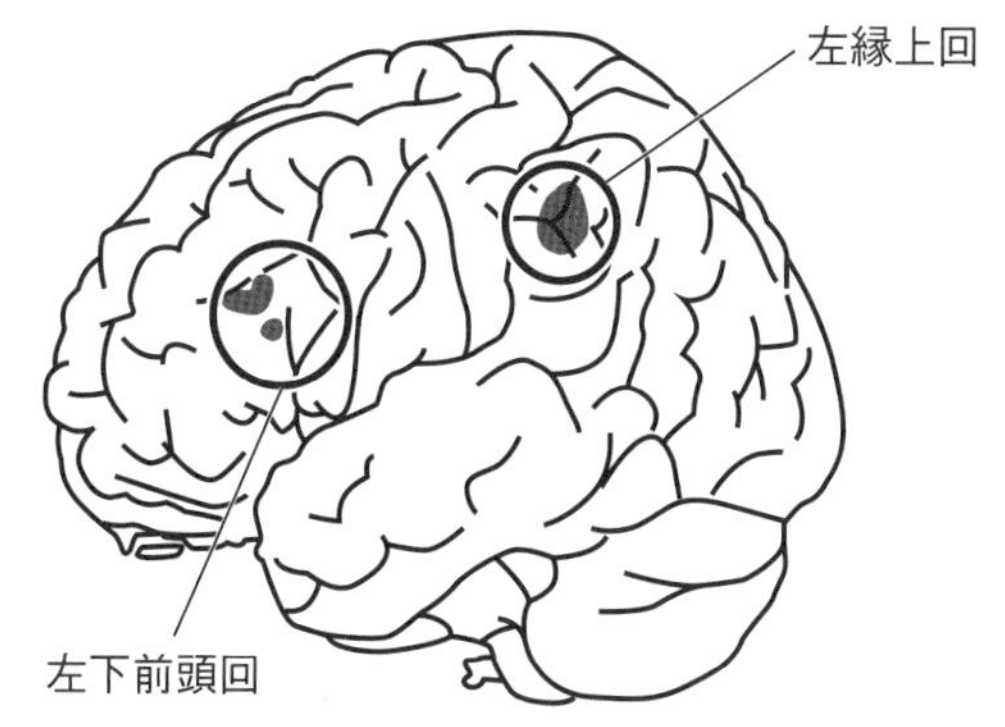

[埋め込み文－単文] － [逆順文字列－同順文字列]で活動が上昇した場所

図31　文の併合度は文法中枢の活動を変化させる

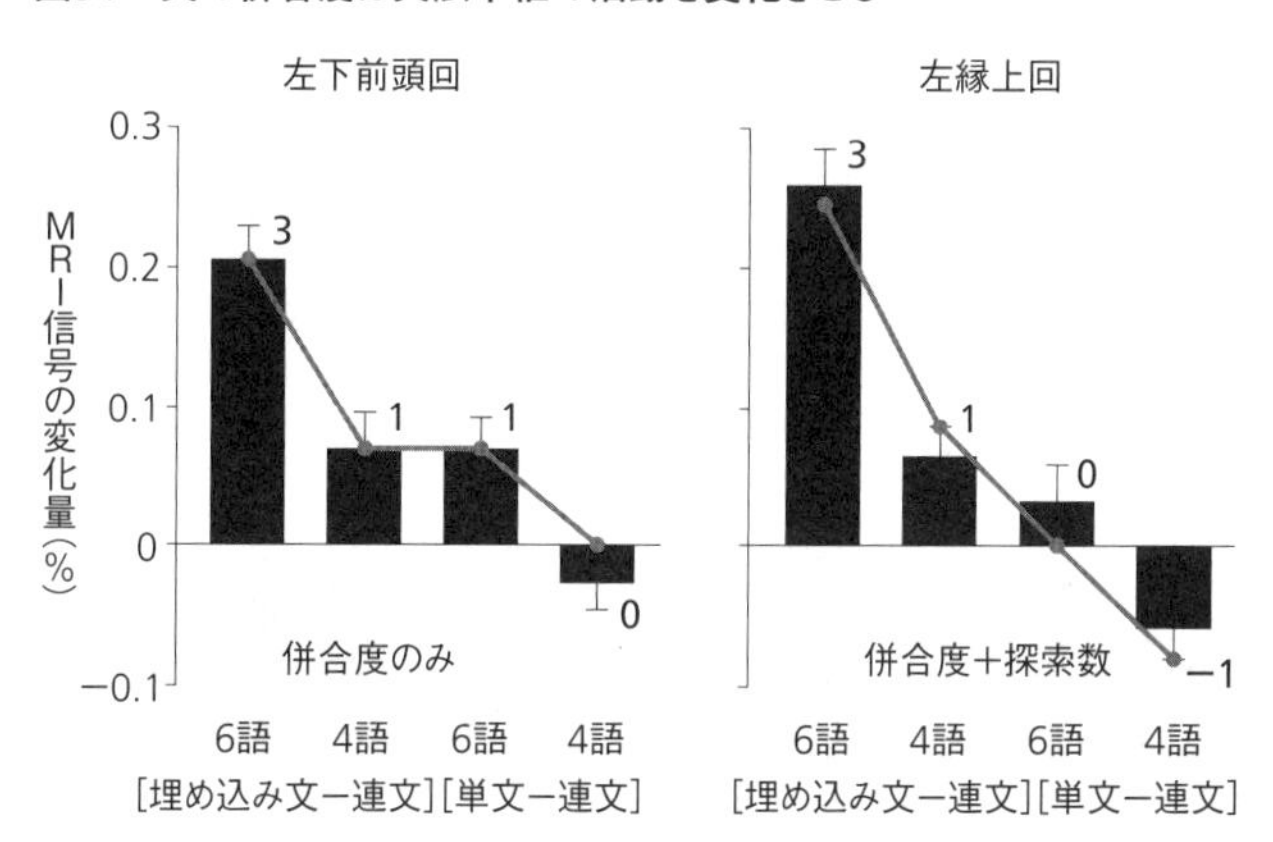

まる。つまりこの条件で文字列を増やしていっても、文法的に最小限の構造であることに変わりはない。

それでは結果を見てみよう。「[埋め込み文－単文]－[逆順文字列－同順文字列]」という二重の引き算をすることで、短期記憶の効果を除きながら、木構造の複雑さに対する活動が脳のどこに現れたかが分かる。すると、文法中枢である左下前頭回に加えて、語彙中枢である左縁上回にも選択的な活動が認められた（図30）。なお、補助的に文法中枢として働くと考えられる左運動前野外側部（208ページ）は、この実験では活動が弱かったため反応が現れていない。

次に、文法中枢の活動が文の併合度によってどのように変化するかを見てみよう（図31）。グラフの縦軸は、MRI信号の変化量（196ページで説明したMRI信号の％変化）によって脳活動の変化分を定量的に見積もったもので、併合度が最も小さい「連文」条件を基準とした。

棒グラフの一番左が「埋め込み文－連文」の六語条件、二番目がその四語条件、三番目は「単文－連文」の六語条件、一番右はその四語条件の結果だ。棒グラフの実測値の近くに添えた数字（二条件の併合度で引き算をした値）は、これら四つの比較それぞれに対応した予想値であり、左下前頭回では「併合度」の値を、左縁上回では「併合度＋探索数」の値を予想値とした時に、ＭＲＩ信号の変化量と測定誤差の範囲で合致した。なおこの誤差が示すように、実験の参加者の間で十分に一貫した脳活動が得られた。

この実験結果から、木構造の併合度によって文法中枢の活動が変化することが明らかになった。チョムスキー理論の中核的概念である「再帰的な木構造」を作るための計算が確かに脳で行われていることを示す、直接的な証拠が初めて見つかったのである。ｆＭＲＩでその人の思考を読み取ることはまだできないが、どれほど複雑な文を考えているかは分かる――それを確信するに十分な結果だった。

文法中枢の損傷による「失文法」

一連の実験の最後の詰めは、文法中枢の損傷によって文法の間違いが実際に生じることを確認することだ。もし「文法装置」があるのならば、それが故障して機能しなくなった時、その人の言語活動からは文法が失われて、「失文法」を示すはずだ。そのことを明らかにできれば、脳と文法の因果関係が証明できる。

ところが、失文法についての報告は数少なく、脳の病巣もさまざまであるため、文法中枢の機能障害だと言い切れるものがほとんどない。日本語の失文法となると、学会報告はあるものの論文として発表されていないことが分かった。それならば自分たちで立証するしかない。

先ほどの実験で「文法中枢では併合度の計算が行われている」としたのは、一つの解釈である。論文では、短期記憶の負荷などを定量化した一九のモデルを検討して脳活動との適合度を調べたが、併合度の値を予想値としたモデル以外は、いずれも文法中枢の活動と合致しなかった。それでも私たちの解釈が正しいことを裏付けるには、その領域が機能停止すれば文法も機能しなくなることを証明しなければならない。

とはいえ、もちろん生きた人間の脳の一部を人為的に機能停止させるわけにはいかない。動物実験であれば、例えば特定の遺伝子を欠くような個体を作り、その遺伝子に由来する形質が発現しないことを明らかにするような実験が数多く行われている。しかし動物には言語がなく、人間にはそうした手法が使えない。

私たちは、東京女子医科大学の村垣善浩氏のチームから言語についての共同研究の依頼を受けたことで、失文法を実際に調べる機会を得た。そのチームは、脳腫瘍の摘出手術を専門に手がけており、脳機能との関連に関心を持っていたのである。腫瘍の再発を防ぐためにも、腫瘍はその周辺を含めて切除したい。しかし、もしその周辺が言語などの大切な機能をつかさどる領域だったなら、腫瘍は治せても後遺症が残ってしまうだろう。そこでｆＭＲＩを使うことで、文法中枢の広がりを患者ごとに特定する必要があった。

これから述べる検査に参加した患者は、脳腫瘍が左前頭葉（一部は線条体を含む）に限られるという数少ない症例であり、本人や担当医師による失語症や精神疾患の報告がなく、知能検査の結果も正常だった。五年間ほどの間で三五人（二一〜六二歳）に協力していただき、二つの論文にまとめて再現性を確かめた（最初の論文は "Agrammatic comprehension caused by a glioma in the left frontal cortex" by R. Kinno, Y. Muragaki, T. Hori, T. Maruyama, M. Kawamura & K. L. Sakai, *Brain and Language*, vol. 110, pp.71-80, 2009）。

失語症が見られないなら、「失文法」もないはずだと思われるかもしれない。医学的にはそのように診断される。しかし正しく調べれば、表面的な言葉の障害はなくとも、潜在的な問題が明らかになるはずだ。

実験には、「絵と文のマッチング課題」を使うことにした。**図32**のように簡素なイラストと文を提示する。図の例は、すべて絵と文がマッチした正しい組み合わせだが、同じ絵に対して、「○が□を押してる」という文を「□が○を押してる」に置き換えれば、間違

図32　意味処理を完全に統制した「絵と文のマッチング課題」

能動文

受動文

かき混ぜ文

った組み合わせが得られる。実際には両者を半数ずつ混ぜてランダムに提示した。

参加者には、そうした絵と文の組み合わせが正しいと思ったら左のボタンを、間違っていると思ったら右のボタンを押してもらう。単純な課題ではあるが、文中の助詞や動詞から文の統辞構造を正しく判断する必要があるので、文法判断が自然にテストできるわけだ。

なお、絵に現れる人の頭部を○△□のいずれかに置き換えて、ピクトグラムのような絵にしたのは、前のジャバウォッキー文を用いた実験と同様に、できるだけ「意味」を排除したいからだ。例えば見た目で「泥棒　警官　捕まえる」のような具体的な絵柄にすると、それによって「泥棒を警官が捕まえる」という文が正しいことがすぐに分かってしまう。

脳腫瘍患者の「失文法」が明らかに

実際にやってみると分かるが、絵と文を見ながら即座に判断するのは、意外と難しい。これから示すように、一部の患者では、能動文（例「○が□を押してる」）と比べて、受動文（例「□が○に押される」）や、主語の前に目的語を倒置させた「かき混ぜ文 scrambled sentence」（例「□を○が押してる」）で、誤答が増えた。

なお、能動文・受動文・かき混ぜ文の三種類をランダムな順で提示したので、文の一部に注目しただけでは正解が得られないようになっている。それから、「押している」ではなく「押してる」とした理由は、「押される」と文字数を同じにするためだ。

脳腫瘍の部位別に患者を三群に分けて、この課題の誤答率を調べてみた（図33）。棒グラフは、いずれも左が能動文、中央が受動文、右がかき混ぜ文の結果だ。一番上のグラフは、脳腫瘍が左下前頭回（前に説明した文法中枢の一方）と重なった患者群の結果である。能動文の誤答率は一〇％程度だが、それでも健常者群の誤答率はどの文も三％程度なので（一番下のグラフ）、それよりはずいぶん高いといえるだろう。それが受動文では約二五％、かき混ぜ文では三〇％程度まで上がっていた。

二番目のグラフは、脳腫瘍が左運動前野外側部（文法中枢の他方）と重なった患者群の

図33　脳腫瘍の部位別に患者群が示した文法問題の誤答率

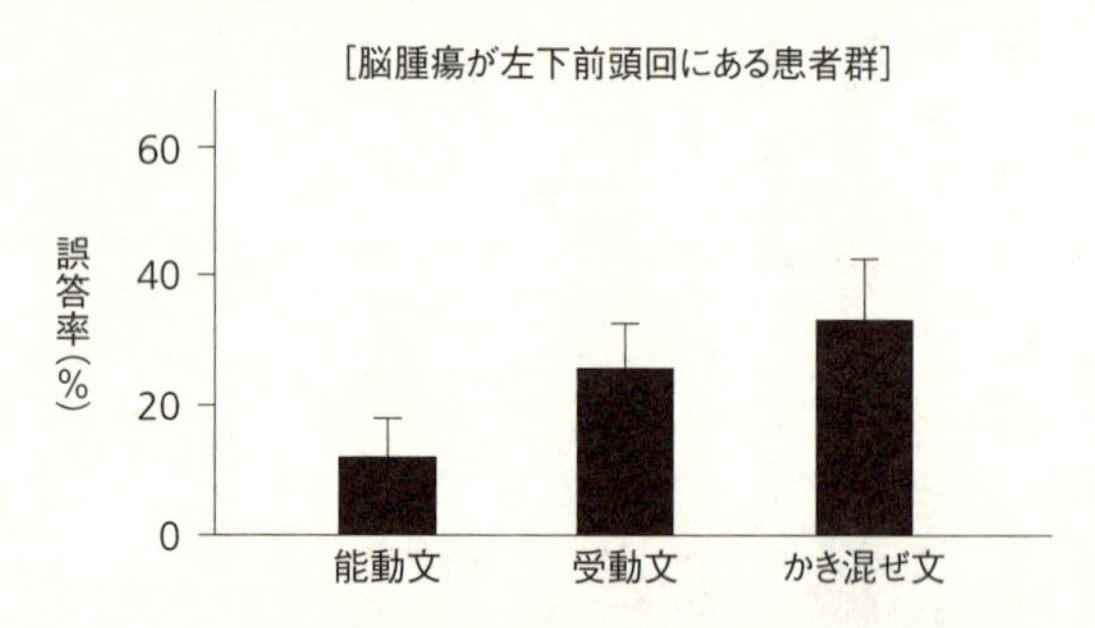

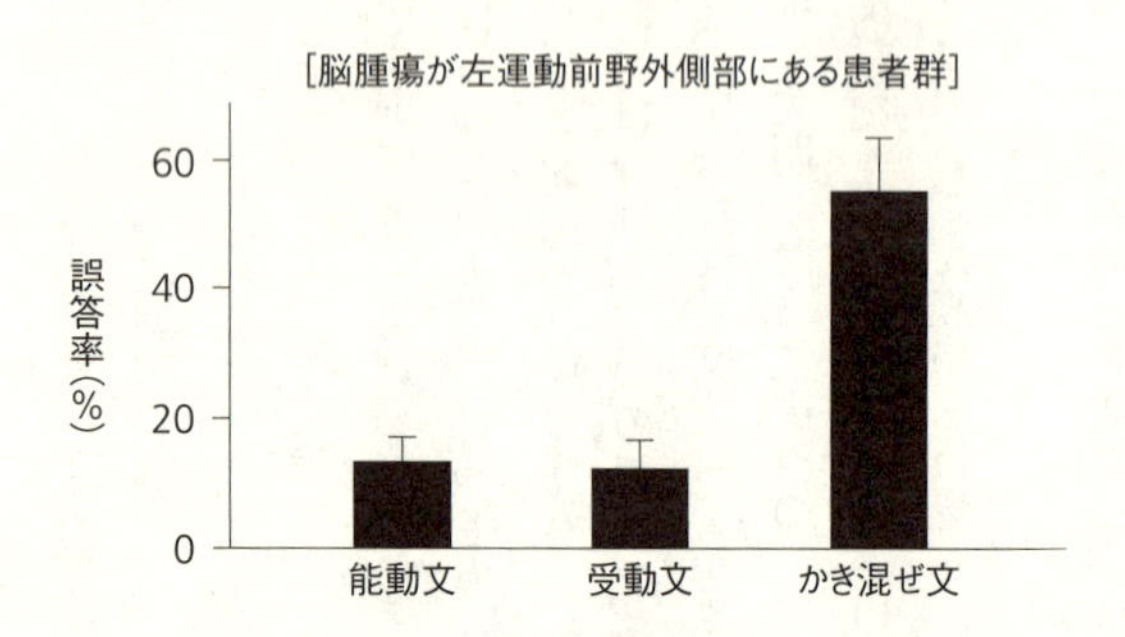

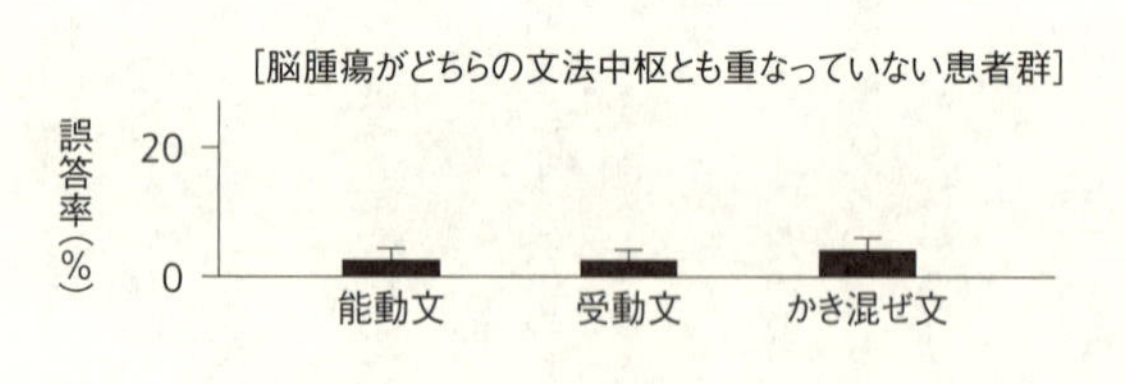

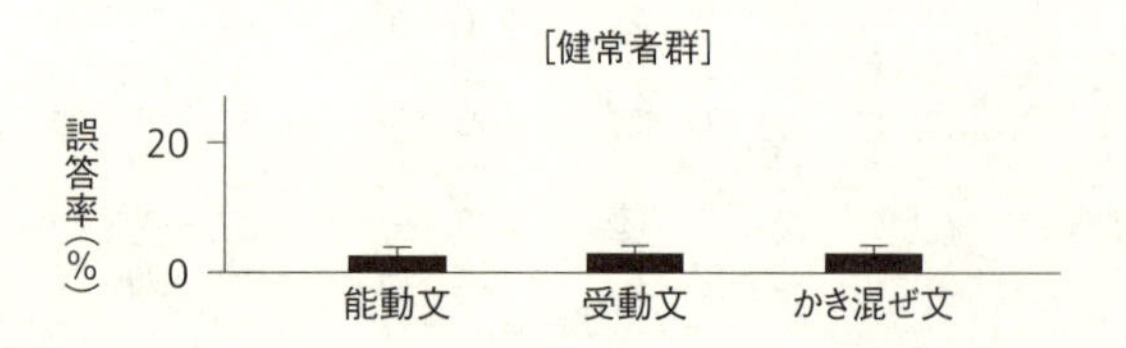

結果だ。こちらは能動文と受動文の誤答率が同程度（約一〇％）だが、かき混ぜ文の誤答率が五〇％程度にまで達している。この課題は〇×式の二択なので、何も考えずに答えると五〇％（チャンスレベル）になるはずだ。つまりこの患者群は、かき混ぜ文についてほとんど文法の判断ができていないことを意味する。文法中枢のどちらに腫瘍があるかで、タイプの異なる失文法が起こることが初めて明らかとなった。

三番目のグラフは、脳腫瘍がどちらの文法中枢とも重ならなかった患者群の結果である。見てのとおり、その誤答率は健常者群と比べてほとんど変わらない。脳腫瘍が起きても、文法中枢が無事であれば、失文法にならずにすむことを意味している。

以上の一連の研究によって、文法中枢が確かに文法判断に関わることが初めて証明された。

これまで失文法の存在が分からなかった理由の一つには、従来の失語症の検査方法の限界が挙げられる。また、そもそも重点的に失文法を調べようとしない限り、言語理解の背後にある統辞処理に光は当たらない。これからは、言語障害の検査やリハビリに携わる言語聴覚士にも、チョムスキーの言語理論を学んでもらいたい。

なお、失文法では本人が病識を持ちにくい面がある。日常会話では私たちのテストとは違って、助詞などが分からなくとも前後の文脈などから意味がとれることが多い。そのため、「最近、ちょっと文法判断が鈍くなった気がする」などという自覚は起こりにくいのだ。それにたとえ何らかの異変に気づいても、よく聞こえないことが多いなどと感じるだけで、自らの言語能力をあまり疑おうとはしないだろう。それから、脳の文法中枢が機能しなくなっても、それ以外の領域がカバーするため、文法の障害が目立たなくなる可能性もある。失文法の早期発見のためには、日頃から受動文やかき混ぜ文などを意識して使ってみるとよいだろう。

脳内の「グループトーク」

失文法を明らかにした昭和大学・神経内科の金野竜太（きんのりゅうた）氏との共同研究では、さらに「絵と文のマッチング課題」を解いている時の脳の領域どうしで、「機能結合 functional connectivity」（脳活動の時間的な相関）を詳しく調べた。これまでは「文法中枢」の二つの領域に注目してきたが、多少なりとも文法に関わっている脳の領域は、一四か所に及んでいることが分かった（"Differential reorganization of three syntax-related networks induced by a left frontal glioma" by R. Kinno, S. Ohta, Y. Muragaki, T. Maruyama & K. L. Sakai, *Brain*, vol. 137, pp.1193-1212, 2014)。

もちろん、それぞれが別々に働いているわけではない。お互いに神経線維でつながり、必要に応じて情報をやり取りしている。一四か所の領域には、前に紹介した「脳の言語地図」にあった語彙・音韻・文法・読解の中枢が含まれる。

さらにその一四か所の相関関係を、ちょうどリーグ戦の対戦表のような形でまとめたところ、一四か所の領域がはっきりと三つのグループを成していることが明らかになった。SNSにたとえるなら、一四人のメンバーが三つのグループに分かれて、その中では頻繁にトークを行っているが、別のグループのメンバーとはほとんど交流がないようなものだ。

こうした脳のネットワークに関する知見は、これから言語障害の検査やリハビリを考える上で重要になると考えられる。

最終章　言語の自然法則を求めて

論争を超えて

本書では第二章までチョムスキーの言語理論を紹介し、第三章ではその理論を検証する研究について解説した。この革命的な考え方について、「仮説」と「検証」がどこまで進んでいるかを概観してきたわけだ。科学にとって「仮説」と「検証」は、真理の解明に欠かせない車の両輪だ。科学の「命」といっても過言ではない。

第二章の終わりで述べたように、チョムスキーの言語理論に対する批判には根強い偏見や誤解がある。しかし私は、そうした批判に対して不安を覚えることはない。その揺るぎのない確信には、物理学を学んだことが大きいと思われる。人間の言語の仕組みを解明する上で、チョムスキー理論が物理学の法則と同じように魅力的かつ有力な仮説だと考えるからこそ、それを実証するための研究に心血を注げるのだ。

今なお言語学の専門家からは、私たちの論文に対して「なぜチョムスキー以外の言語理論を取り上げないのか」という批判を受けることがある。確かにチョムスキー以外にも理論があるから、研究者がもしその仮説に魅力を感じるならば、検証実験を行えばよい。私はチョムスキー理論に集中的に取り組んでいるだけである。

科学の進歩に求められるのは、相手を負かすための論争（ディベート）やポジショントーク（自分の立場を利用して自分に有利になるように発言すること）では決してない。真理のためにお互いの考えを深めていく議論（ディスカッション）こそが、科学の推進力なのである。

一元論を受け入れにくい文系の学問

我々の体が「物質」であり、それを分子レベルから原子レベル、さらに素粒子レベルまでばらばらにすれば、同じものに還元されることは、誰も否定しないだろう。物質である以上、その振る舞いは物理学の自然法則に従う。これにも異論はないはずだ。

しかし、目に見えない精神、心、意識といったものになると話は違う。これは人間が自らの意思によってコントロールできるものであって、地球が太陽のまわりを回ったり、空から雨が降ったりするような自然現象と同列には語れない、というのが大方の常識だ。特に文系の学問は自由意思の存在を前提に人間や社会を論じるので、心や言語までを自然法則に委ねようとする「一元論」は、根本的に受け入れがたいのだろう。

そうすると、人間の体と心を別々に考える「二元論」を信じたくなる。例えば、私の師匠の師匠にあたる伊藤正男先生と対談をした時、伊藤先生は次のように述べられた。

「文系の研究者には二元論者がものすごく多くてね。この前亡くなった元最高裁判事の団藤重光さんに話を聞いてもらったことがあるけれども、『あなたは一元論だ』って叱られた（笑）。刑法なんかでは、自由意思の問題が大きいので、一元論だけでは律しきれないんですね。やっかいなジレンマですねぇ」（「現代神経科学の源流　第三回」*Brain and Nerve* vol.65, p.900, 2013）

確かに、一元論ですべての原因を自然法則に求めてしまうと、個々の人間の行動に本人独自の責任はないという極論にもなりかねない。どんな犯罪も、宇宙が誕生した時から決定論的に定められた必然的な自然現象だということになったら、罰しようもない。

しかし人間の思考の根底には言語があり、そこには自然法則に基づく文法規則があるといっても、それは人間の自由意思を否定しているわけではない。文法に規則はあるが、人間は無限の組み合わせを持つ表現を自由意思に基づいて生み出せるからだ。だが自由意思があるからといって、その根底にある生得的な文法の存在までも否定しようとするのは科学的な態度ではないのである。

科学的に物事を考えるには、ドグマのような先入観や固定観念を排して、目の前にある事実やデータなどを曇りのない目で謙虚に、そして虚心坦懐に見なくてはならない。そうしないと「われ思うゆえにわれ正しい」となってしまう。人間を自然界の例外として特別視することなく、それでいて人間という種の特異性を客観的に明らかにすることが必要なのではないだろうか。

ミラー・ニューロンでは「プラトンの問題」に答えられない

人間を特別視はしないが、進化論を論拠に言語生得説に異を唱える研究者もいる。すでに本書でも何度か言及したが、「猿の言語能力を研究すれば人間の言語能力も分かるはず」という考えの根底には、「猿の脳も人間の脳も基本的には同じ」という暗黙の前提がある。『チョムスキー言語学講義―言語はいかにして進化したか』（ちくま学芸文庫、二〇一七年）の中で、チョムスキーは次のように述べている。

「それでも〝ダーウィン原理主義者〟は、どの段階でも途切れのない漸進的な継続性が必要な大昔からの連鎖に固執し、人間の言語に見られるのと同じ特徴をもつ種がいるはずだと考える（p.47）。［中略］しかし現代の進化理論、実験、野外調査はすべて、影響の大きな突然変異がだいたい先に、小さいものがあとで機能する立場を支持している（p.52）」

実際のところ、脳科学者の多くは「進化の連続性（漸進的な継続性）」に固執しがちである。また、「個体発生が系統発生を繰り返す」という根拠の乏しい説によると、発生の連続的なパターンを根拠に進化も連続であるはずだと思ってしまう危険に陥りやすい。

類人猿の研究では、多くの手話（サイン）単語を覚えたチンパンジーやゴリラの例はあるものの、「文」を作って会話をした類人猿の例は皆無だ。一九八〇年代には、チンパンジーのサインを記録して文を作る能力を調べた心理学者テラスの研究結果が発表されたが、それも否定的なものだった。いくら教えても一回の発話の長さは平均で二語にも満たず、長く発話してもいくつかの同じ単語を不規則に繰り返すだけである。そこには語句の組み合わせについての規則がない。つまり、単語を学習する能力はあっても、文法を獲得することができないのだ。これは明らかな限界を示すものだった。ところがテラスのこの結果は同業者から疎まれ、黙殺されてしまったかのようだ。

脳科学では、一九九六年にイタリアのリッツォラッティらが発見して以来、「ミラー・ニューロン」が注目されてきた。猿などが他者の動作を見た時も、自分が同じ動作をしている時と同じ反応をするニューロンのことだ。例えば他者が何かに手を伸ばしているのを見ると、ミラー・ニューロンには自分自身がそれに手を伸ばした時と同じ反応が起こる。

それ自体はきわめて興味深い発見だったが、その後、ミラー・ニューロンが言語の起源だとする説が唱えられるようになった。このニューロンのおかげで他者の動作を真似られるようになるのなら、言語もミラー・ニューロンを使って他者の真似をして覚えるに違いない、というわけだ。

本書をここまで読み進めてくれれば、これがチョムスキーによって否定された「学習説」に基づいていることがすぐに分かるだろう。繰り返しになるが、模倣に基づく学習では「プラトンの問題」に答えることができない。ところが最先端であるはずの脳科学でさえ、その基本的なところがまだ揺らいでいる。

そして、いまだに脳機能の局在自体を認めない脳科学者も少なくない。例えば、左脳の前頭葉の損傷によって言語障害が生じることをフランスのブローカ（一八二四〜一八八〇）が初めて報告したのは一八六一年のことである。「ブローカ失語」と呼ばれるこの症例は、脳の機能がその一部に局在することを示す最初のものだった。

しかし脳機能の局在を否定する全体論者は、「ブローカ失語の患者はブローカ野以外にも損傷がある」などと主張し、それ以降、局在論と全体論の間で激しい論争が続いた。二〇世紀に入ってから、その議論の交通整理を行ったのは、アメリカのゲシュヴィンド（一九二六～一九八四）だった。

彼は自分の師匠が全体論者だったにもかかわらず、虚心坦懐に事実と向き合うことのできる科学者としての資質を持っていた。ブローカ失語（のちにそれは私たちの研究で「失文法」を含むことが分かっている）の原因が、ブローカ野を含む前頭葉の損傷であることを明らかにして、師匠に反旗を翻す形で局在論を確立したのである。

チョムスキーの言語理論に一番近い脳科学者だっただけに、ゲシュヴィンドが五八歳の若さで亡くなったことは実に悔やまれる。ブローカの大発見から一五〇年以上経った今でも、局在論への懐疑論や反対意見が絶えないことを思えば、言語の基礎をめぐる論争などまだ序の口なのだろう。

サイエンスにおける「仮説」

科学的な事実を見る目が曇るのは、自分の主義や立場を守ろうとすることだけが原因ではない。そのための準備や心構えができていないと、見えるものも見えなくなる。

　例えば私は、前章で紹介した実験で脳腫瘍患者の失文法を明らかにする前に、神経内科の専門家にこんなことを言われたことがある。「酒井さんは文法がブローカ野に局在していると言うけれど、自分が診てきた患者さんにその場所の梗塞で失文法が起きたケースは一つもありませんよ」と。即座に「それは文法障害の調べ方が不十分だったためではありませんか」と反論したかったが、証拠がなければ水掛け論だと思ってその時は引き下がった。

　実際には、「失文法が起きない」のではなく、「失文法が見えない」だけだったのだ。失文法の存在を明らかにするには、前述したように文法判断を課すような実験を行う必要があるのだが、それ以前に重要なものがある。目に見えない現象を明らかにするためには、「それが起こるだろう」という「仮説」が必要だ。そういう問題設定があるからこそ、適切に観察するための準備をすることができる。

　物理学の根幹に関わるヒッグズ粒子や重力波も、仮説なしには見つからなかっただろう。ヒッグズ粒子は約五〇年前、重力波は一〇〇年前に理論的に予言されたものが、実験や観測によって実証されたのだ。そこから理論がさらに進めば、それはいつか必ず新たな法則や応用に結びつくことだろう。

チョムスキーの言語理論も同じである。「文法」という目に見えない法則の仮説によって、脳の文法中枢も明らかになってきた。それが言語障害の治療に結びついたり、新たな人間観に役立ったりすれば、社会に広く影響を与えるようになるだろう。

都合のよい解釈を避ける工夫

たとえ問題設定は適切なものであっても、その仮説自体がバイアスとなって、目を曇らせてしまうことがある。何らかの仮説を検証しようとする時、研究者は「仮説が証明されてほしい」という期待を抱かずにいられないからだ。

もちろん、ある仮説を否定するために計画される実験もあるが、これは「新発見」への道筋を整えるようなものなので、成果が出ても派手な話題にはなりにくい。「新発見」という果実を得るのは、やはり重要な仮説の検証が一番だ。しかし、その仮説への期待感が大きいほど、実験結果の解釈が偏る危険性が高まる。仮説にとって都合のよいデータにばかり注目してしまい、否定的な面が見えにくくなってしまうのだ。

例えば人間の言語活動を短期記憶で説明できると考える人たちは、文法中枢を発見した私たちの実験結果を見て、それがむしろ自分たちの仮説を支持していると主張する。彼らの実験で、参加者に記憶の負荷をかけた時に同じ領域が活動するのだから、私たちの実験の結果も記憶の負荷によるものなのではないか、と。

だが私たちの実験では、短期記憶への反応も同時に測定し、それを差し引く形で「文法中枢」を特定している。それに対して短期記憶の実験では、記憶の負荷をかけることによって、同時に言語的な負荷も増えてしまうことを排除できていない。例えば記憶力を試すために単語をたくさん覚えさせられれば、それを使って自動的に文を作らせてしまうようなものだ。その作業も脳の反応を高めるとすれば、すべてが記憶の負荷への反応とは言えなくなる。

脳科学は、脳内で起きていることが明確に観察できるわけではないので、結論が研究者の解釈に左右される面が大きい。しかも統計的なデータは、見る者の解釈次第でさまざまな結論を導き出せる分、きわめて慎重な検討が必要だ。

物理学の世界では、その解釈の余地を狭めるために、できる限りバイアスを取り除く手法が確立している。自分たちの仮説に都合のよいデータだけを拾うことがないよう、徹底的に分析結果の信頼性を高める工夫をしているのだ。重力波の検出という偉業を成し遂げたアメリカの実験グループは、分析担当者のためのデータにあえて偽物を紛れ込ませて、都合のよい解釈をしないかどうか試すようなことまでしていた。この手法には賛否両論があるが、科学的な厳密さを追求するには、それほどの慎重さが求められるのである。

因果関係を証明することの難しさ

また、科学的な証明にあたっては、「相関関係」と「因果関係」を錯覚しないように注意することが必要だ。「Aが増えると同時にBが増えた」という結果が出た場合、AとBには相関関係があるといえるが、「Aの増加が原因でBが増えた」かどうかは分からない。そこに因果関係があるとまではいえないわけだ。

科学の実験でも、相関関係を見出すのはそう難しいことではないが、そこに因果関係があることを証明するのは容易ではない。厳密な論理構成が求められるし、かなり細かく証明したと思っても、べつの原因が存在する可能性を排除できないことがある。それに原因と結果を逆にしても同じ現象を説明できるということもある。反論や批判を受けないようにするには、実験の計画段階からあらゆる可能性を考慮して全体をデザインしなければならない。

結果を論文にまとめる時も、自分の考えにとらわれてアンフェアな論理展開にならないよう、できるだけ頭の中を白紙にしてから書く。それは私自身も心がけていることだ。ほかの研究者を批判すれば、当然それと同じ矢は自分にも向けられる。「その解釈にはバイアスがかかっている」と指摘される余地を残してはいけない。

もちろん私は、チョムスキーの言語理論を絶対視しているわけではなく、どこかに誤りがある可能性も含めて検証実験を行っている。真理を見つけるのが最終的な目的だから、もし仮説を否定する結果が出れば、別の理論を探すまでのことだ。

悪魔にだまされていないか

とはいえ、さまざまな苦労を乗り越えて研究を続けていくには、それなりの信念というものも必要になる。アインシュタインは、一般相対論の研究に取り組んでいた時期に、こんな言葉を書き残している。

「理論家の間違った道は二種類ある。

1　悪魔が理論家を誤った仮定でだます（それについて理論家は同情に値する）

2　理論家が不正確でずさんな議論をする（それについて理論家は体罰に値する）」
（酒井邦嘉著『科学という考え方－アインシュタインの宇宙』中公新書、二〇一六年　p.248）

アインシュタインが信念を持って理論の構築に邁進（まいしん）しながらも、その着想自体があまりにも魅力的なものだったので、「自分は悪魔にだまされているのではないか」という不安と戦っていたのだろう。言語理論もまた、同様に茨の道であったに違いない。

今のところチョムスキーの立てた仮説は多くのテストをパスしてきている。私たちの実験も、その一つだ。本書の結論として、自然言語の成り立ちを説明する最も有力な仮説だといえる。何より、人間の言語を自然現象と捉え、そこに自然法則を見出そうとする道筋は、チョムスキーによって示された。私としては、これからも科学者として自然法則と向き合い、検証された事実を虚心坦懐に解釈していくだけだ。

これまで見てきたように、言語学、心理学、情報工学、医学、生物学、脳科学など、チョムスキー言語学は多くの分野との間に摩擦や軋轢（あつれき）がある。しかしそれは恐れるに足らず。中国のことわざに、「三十年河東、三十年河西」というものがある。大河の流れも常に変化しているので、河の東だったところが西になることもあるのだ。大勢（たいせい）に流されてはいけない。過去の革新的な理論がそうだったように、いつかは霧が晴れることだろう。
量子論を創始した物理学者のマックス・プランクは、次のように述べている。
「ある新たな科学的真理は、その反対者が納得し分かったと表明するというやり方ではなく、むしろ反対者が徐々に亡くなっていき、若者たちの世代が初めからその真理を熟知していることで、世に価値を認められるものなのだ」(*Wissenschaftliche Selbstbiographie.* by M. Planck, Johann Ambrosius Barth Verlag, 1948, p.22)
自分が生きている間にどこまで真理に近づけるかは分からない。しかし、最も魅力的な仮説を信じて、一つ一つ石を積んでいくこと。そこに科学に携わる喜びがある。

おわりに

言語脳科学は、言語学と脳科学のはざまにあって、一九九〇年代後半頃に誕生した分野である。本書は、『言語の脳科学―脳はどのようにことばを生みだすか』（中公新書、二〇〇二年）と『脳の言語地図』（明治書院、二〇〇九年）に続き、言語脳科学の進歩を一般向けに紹介したものだ。ただし今回は、単に研究の成果を追加するのではなく、その初心に立ち返って、基本となる問題をできるだけ掘り下げたいと考えた。

言語脳科学の原点には、チョムスキーの生成文法理論がある。思い起こせば、チョムスキーの声はいつも穏やかで、そして小さかった。真冬のボストンで初めて直接話ができた時、その声は外の除雪車の轟音にかき消され、ほとんど私の耳に届かなかった。しかし、どんな質問にも熱意を持って答えようとする姿に心が震えたことは、二〇年あまり経った今でも忘れられない。

本書の当初の企画は、言語と脳について百の質問に答えるというものだったが、インターナショナル新書の刊行開始と共にテーマを新書向けに仕切り直して、二年越しの執筆となった。そのさなか、チョムスキーの『統辞構造論』(岩波文庫、二〇一四年)を本書内の一章におさめる形で解説してほしい、との依頼を編集部から受けた。さすがにそれは無理な注文だと即答したが、準備を始めてみて、意外とできそうな気になってしまった。それが無謀な企てだったかどうかは、本書の第二章を読んでご判断いただきたい。

終わりに、本書の原稿を読んで言語学の適切な用語から歴史的背景までご教示をいただいた上智大学の福井直樹氏に感謝したい。また、本書の編集をご担当いただいた集英社インターナショナルの田中伊織氏と松川えみ氏、構成をお手伝いいただいた岡田仁志氏、そして本の制作スタッフの皆様に心よりお礼を申し上げる。

酒井邦嘉

二〇一九年三月

編集協力　岡田仁志
図版制作　タナカデザイン

酒井邦嘉（さかい くによし）

言語脳科学者。一九六四年生まれ。東京大学大学院理学系研究科博士課程修了。一九九六年マサチューセッツ工科大学客員研究員を経て、二〇一二年より東京大学大学院教授。第五六回毎日出版文化賞、第一九回塚原仲晃記念賞受賞。脳機能イメージングなどの先端的手法を駆使し、人間にしかない言語や創造的な能力の解明に取り組んでいる。著書に『言語の脳科学』『科学者という仕事』（ともに中公新書）、『脳の言語地図』（明治書院）、『芸術を創る脳』（東京大学出版会）など。

インターナショナル新書〇三七

チョムスキーと言語脳科学（げんごのうかがく）

二〇一九年四月一〇日　第一刷発行
二〇二三年四月二五日　第五刷発行

著者　酒井邦嘉（さかい くによし）
発行者　岩瀬 朗
発行所　株式会社 集英社インターナショナル
〒一〇一-〇〇六四 東京都千代田区神田猿楽町一-五-一八
電話 〇三-五二一一-二六三〇
発売所　株式会社 集英社
〒一〇一-八〇五〇 東京都千代田区一ツ橋二-五-一〇
電話 〇三-三二三〇-六〇八〇(読者係)
〇三-三二三〇-六三九三(販売部)書店専用
装幀　アルビレオ
印刷所　大日本印刷株式会社
製本所　加藤製本株式会社

ISBN978-4-7976-8037-9　C0240

インターナショナル新書

002
進化論の最前線
池田清彦

ファーブルのダーウィン進化論批判から、iPS細胞・ゲノム編集など最先端研究までをわかりやすく解説。謎多き進化論と生物学の今を論じる。

004
生命科学の静かなる革命
福岡伸一

二五人のノーベル賞受賞者を輩出したロックフェラー大学。客員教授である著者が受賞者らと対談、生命科学の本質に迫る。『生物と無生物のあいだ』の続編。

012
英語の品格
ロッシェル・カップ
大野和基

「please」や「why」は、使い方を間違うとトラブルの元になる!? ビジネスや日常生活ですぐに役立つ品格のある英語を伝授する。

013
都市と野生の思考
鷲田清一
山極寿一

哲学者とゴリラ学者の知破天荒対談! 京都市立芸大学長、京大総長でもあるふたりがリーダーシップから老いまで、多岐にわたるテーマを熱く論じる。

015
戦争と農業
藤原辰史

トラクターが戦車に、化学肥料は火薬に――農業における発明は、戦争を変え、飽食と飢餓が共存する不条理な世界を生んだ。この状況を変える方法とは。

インターナショナル新書

017
天文の世界史
廣瀬 匠
西欧だけでなく、インド、中国、マヤなどの天文学にも迫った画期的な天文学通史。神話から最新の宇宙物理までを、時間・空間ともに壮大なスケールで描き出す！

022
ＡＩに心は宿るのか
松原 仁
高い知能を有するＡＩに「心」が宿る日は来るのか？ 汎用人工知能の研究者である著者がＡＩ社会の未来を予見。羽生善治永世七冠との対談を収録！

024
英語のこころ
マーク・ピーターセン
なぜ漱石の『こゝろ』はheartと訳せないのか？ 多様性を表すdiversityとvarietyの微妙な違いとは？ 英語表現に秘められた繊細さと美しさを楽しく読み解く。

026
英語とは何か
南條竹則
ネイティヴも目からウロコの英語の歴史をお教えします。日本人に適した「正しい英語との付き合い方」を知れば、語学がさらに面白くなる！

030
全国マン・チン分布考
松本 修
空前絶後の女陰・男根語大研究！ 方言分布図を言語地理学で丹念に辿り、膨大な史料にあたると、既存の語源説が覆り、驚くべき結論に。阿川佐和子氏推薦。

インターナショナル新書

033

データが語る日本財政の未来

明石順平

「日本は絶対に財政破綻しない」という楽観論を斬る！

政府総債務残高の対GDP比が、先進諸国で唯一200％を超えている日本財政。借金返済を先送りした結果、日本は膨大な債務に足を取られ、それが経済成長にも悪影響を及ぼすようになってしまった。

厚労省の賃金偽装問題をいち早く指摘して注目を集める著者が、公的データを用いて日本財政の問題点を分析。通貨崩壊へと突き進む日本の未来に警鐘を鳴らす。

野口悠紀雄氏、久米宏氏推薦！

インターナショナル新書

035

光の量子コンピューター

古澤 明

スーパーコンピューターをはるかに凌ぐ高速計算と低消費電力を両立させる未来の技術・量子コンピューター。その実現へ向けて世界中でさまざまな方式が考案され、開発競争が繰り広げられている中、トップを独走する著者独自の光方式の研究最前線に迫る。

量子力学の不思議な性質など基礎的な話から、量子計算の仕組み、量子コンピューターの実現を阻む難題への解答を、数々の実験成果やエピソードを交えながら徹底解説していく。